江西美术出版社
全国百佳出版单位

出版说明

《古人的雅致生活》系列丛书围绕古人论茶事、瓶花、器物、饮食、园林、赏石等经典著作，旨在重现古人的生活细节，重塑今人的生活格调。本书原文与译文对照阅读、精美配画辅助理解，是全书最为出彩之处。同时配画则力求反映原文之大意，以图说文，兼具欣赏与实用性。

《茶经》为唐代陆羽所著，是中国乃至世界范围内第一部系统介绍茶的专著。它以精辟的文字，系统全面地介绍了茶的源流、发展、烹茶技术、典故等内容。该书不仅是中国茶叶发展史上最早、亦极为重要的茶事专著。

《长物志》为明代文震亨所著。长物，乃身外之物，供把玩所用。明人宋诩在《宋氏家规部》中称『长物』为：『凡天地间奇物随时地所产、神秀所钟，或古有而今无，或今有而古无，不能尽知见之也。』书中将其进行雅俗区分，雅物入品，分为室庐、花木、水石、禽鱼、书画、几榻、器具、位置、衣饰、舟车、蔬果、香茗等十二类，内容广博，体现了明代士大夫的审美情趣。文震亨本人不屑与俗世为伍，衣食住行所思所想皆要与市井、俗尚区别开，因此便有了现在的《长物志》。

由于《茶经》《长物志》原文篇幅过长，在不影响原文大意的前提下，我们对部分内容进行了相应的精简调整，以更切合图书体例，符合读者的阅读习惯。

《山家清供》为宋代林洪所撰，宋代虽在军事方面积贫积弱，但在经济、文化、科技等领域却是中国历史上快速发展的黄金时期。作者林洪便生于这个奇特的朝代，在这期间，林洪所撰的《山家清供》《山家清事》作为历史长河中瑰丽奇异的的宝石被完整地保留了下来，为今人能够揭开当朝一角面纱做出了卓越的贡献。

《山家清供》全书收录了百余种宋代的食物，其中大部分皆为林洪亲身品尝感受过，并颇为有趣地记载了与其相关的琐事，让人读起不觉乏味，甚是可爱。同时书中全面地介绍了这些食物的名称、源流、做法等内容，其中涉及诗文、典故，内容广博。该书将食物这一日常生活中必不可少的事物，详细地记载下来并流传于世，极大程度上推动了后世饮食文化的发展。

《园冶》由明代计成所著，是中国第一本园林艺术理论专著，并将造园从技艺上升到理论层面。它以行云流水般的文字，系统全面地介绍了造园的原理和布局手法，至今仍然不失其用，为今人造园提供了范本。并且，该书采用『骈四骊六』的骈文体，在文学上亦有造诣。

《瓶花谱》为明代张谦德著，书中系统地展示了中国传统插花之道。它以精辟的文字，从品瓶、品花、折枝、插贮、滋养、事宜、花忌与护瓶八方面介绍了中国传统花道。该书是中国花道史上极为重要的专著，至今仍然不失其用，将花道上升到文化层面，极大程度上推动了花道的发展。

中国可能是最爱玩石、藏石、赏石的国家了，而中国人对于奇石、怪石、美石的喜爱也是独一份的。杜绾，字季阳，号『云林居士』，所著《云林石谱》是中国历史上最完整、最丰富的论石专著。它系统全面地介绍了如何选石、观石并对其进行测评，介绍了116种名石的产地、采取方法、质地、形状、声音等，并将其上升到理论层面，可见《四库全书》中删略其他，独留《云林石谱》不是没有道理的。

序

夫标榜林壑，品题酒茗，收藏位置图史、杯铛之属，于世为闲事，于身为长物。而品人者，于此观韵焉、才与情焉，何也？挹古今清华美妙之气于耳目之前，供我呼吸；罗天地琐杂碎细之物于几席之上，听我指挥；挟日用寒不可衣、饥不可食之器，尊逾拱璧，享轻千金，以寄我之慷慨不平，非有真韵、真才与真情以胜之，其调弗同也。近来富贵家儿与一二庸奴钝汉，沾沾以好事自命，每经赏鉴，出口便俗，入手便粗，纵极其摩娑护持之情状，其污辱弥甚，遂使真韵、真才、真情之士，相戒不谈风雅。嘻！亦过矣！司马相如携卓文君，卖车骑，买酒舍，文君当垆涤器，映带犊鼻裈边。陶渊明方宅十余亩，草屋八九间，丛菊孤松，有酒便饮，境地两截，要归一致；右丞茶铛药臼，经案绳床。香山名姬骏马，攫石洞庭，结堂庐阜；长公声伎酣适于西湖，烟舫翩跹乎赤壁，禅人酒伴，休息夫雪堂。丰俭不同，总不碍道，其韵致才情，政自不可掩耳！

予向持此论告人，独余友启美氏绝颔之。春来将出其所纂《长物志》十二卷，公之艺林，且属余序。予观启美是编，室庐有制，贵其爽而倩、古而洁也；花木、水石、禽鱼有经，贵其秀而远、宜而趣也；书画有目，贵其奇而逸、隽而永也；几榻有度，器具有式，位置有定，贵其精而便、简而裁、巧而自然也；衣饰有王谢之风，舟车有武陵蜀道之想，蔬果有仙家瓜枣之味，香茗有荀令、玉川之癖：贵其幽而暗、淡而可思也。法律挡归大都游戏点意义存焉。删繁去奢之意存焉。岂唯庸奴、钝汉不能窥其崖略，即世有真韵致、真才情之士，角异猎奇，自不得不降心以奉启美为金汤。诚宇内一快书，而吾党一快事矣！余因语启美：『君家先严征仲太史，以醇古风流，冠冕吴趋者，几满百岁，递传而家声远绍，诗中之画，画中之诗，穷吴人巧心妙手，总不出君家谱牒，即余日者过子，盘礴累日，婵娟为堂，玉局为斋，令人不胜描画，则斯编常在子衣履襟带间，弄笔费纸，又无乃多事耶？』启美曰：『不然，吾正惧吴人心手日变。如子所云，小小闲事长物，将来有滥觞而不可知者，聊以是编坻防之。』有是哉！删繁去奢之一言，足以序是编也。予遂述前语相谂，今世睹是编，不徒占启美之韵、之才、之情，可以知其用意深矣。

沈春泽谨序。

序（译文）

赞赏山林沟壑，品酒鉴茶，收藏地图、书画、典籍、酒具之类，对社会而言是闲暇之事，对自身而言是多余之物，但可以从中了解一个人的品位。什么是才能与情致呢？有人撷取古今菁华美妙的精气供自己汲取，收罗天下各种各样的器物任自己把玩，收藏尊崇而不能御寒充饥的器物，胜过贵重的璧玉、珍贵的裘皮，以表现自己不凡的气概，其实他并没有真正的气韵、才气和情致去鉴赏它，因为品位格调不及。近来几个富家子弟及俗人愚汉轻狂地自诩为赏玩行家，鉴赏器物时，语言俗气，动作粗鲁，夸张地摩挲、呵护器物，矫揉造作的样子，其实是对器物的极大玷污，以致真正有品位、才情的文士避而不谈风雅了。唉！这也太过分了！司马相如与卓文君卖掉车马，买下酒铺，卓文君身着粗衣围裙在柜台卖酒；陶渊明有方圆十余亩宅院，草屋八九间，置身菊花松树之间，有酒便饮，虽然所处境地不同，胸襟旷达却是一致的。王维煮茶捣药，读经书谈玄学；白居易拥名姬养骏马，洞庭采石，庐山造屋；苏轼携歌伎畅游西湖，乘船寻访古赤壁，与好友佛印和尚对饮，居住狭小的雪堂，丰盛和俭省不同，但修养不会损害，风度才情不能掩盖！我一向宣扬这种观点，只有我的朋友启美完全赞同。来年春天启美将出版他编纂的《长物志》十二卷，亮相艺林，并请我作序。我以为启美这部书，室庐规矩，贵在清爽秀丽、古朴纯净；花木、水石、禽鱼生动，贵在秀美悠远、和谐有趣；书画有章法，贵在奇特飘逸、隽永；靠几与卧榻合规，器具有形，位置合适，贵在精致适用、少而精、精巧自然；衣饰有名门大家风范，车船有武陵蜀道的意境，蔬果有仙境瓜果的风味，香茗有荀令、玉川的癖性，贵在幽远清淡、回味绵长。典章规则的要旨，是将其点缀在游戏之中，将烦琐奢费一一删除。这些不只是俗人愚汉不能了解其中大意，即使世上有真韵致、真才情，喜好求新、猎奇的文士，也不得不佩服启美，视为高不可及，认为此书确实是世间一部好书，此书的出版是文人们的一件幸事！因此我对启美说：『你先祖文征明，淳古风流，引领吴地风尚近百年，声名远扬。所谓诗中之画，画中之诗，穷尽吴人的巧心妙手，都不能超出你们文家的风格流派。我以前拜访你，亲见你家的婵娟堂、玉局斋，美妙清雅，令人无法形容，而你还劳神费力地编纂出书，这不是多余吗？』启美说：『并不多余，我担心吴人的意趣技艺以后逐渐改变。正如你所说的，这小小的闲暇之事，身外之物，后世可能会不知道它的源流了，特编此书，以作防备。』是啊！删除烦琐，去除奢费这一句话，就足以作为此书的序言。于是我将这些写在文中告诉世人，让人们阅读此书时，不只是感受启美的韵致才情，还能领会他的深远用意。

目录

室庐

花木

水石

禽鱼

书画

几榻

器具

香茗

室庐

室庐

原文

居山水间者为上，村居次之，郊居又次之。吾侪纵不能栖岩止谷，追绮园之踪；而混迹廛市，要须门庭雅洁，室庐清靓，亭台具旷士之怀，斋阁有幽人之致。又当种佳木怪箨，陈金石图书。令居之者忘老，寓之者忘归，游之者忘倦。蕴隆则飒然而寒，凛冽则煦然而燠。若徒侈土木，尚丹垩，真同桎梏樊槛而已。志《室庐第一》。

译文

居住在山水之间为上乘之选，山村稍逊，城郊又差些。我们虽然不能栖居山林，追寻古代隐士的踪迹，但即使混迹世俗都市，也要门庭雅致，屋舍清丽，亭台有文人的情怀，楼阁有隐士的风致。应多种植些佳树奇竹，陈设金石书画，使居住其间的人永不觉老；客居其间的人，忘记返归；游览其间的人，毫无倦意。即使潮湿闷热也会感觉神清气爽，寒冷凛冽也会觉得和煦温暖。如果居室只是追求高大豪华，崇尚色彩艳丽，那就如同脚镣手铐、鸟笼兽圈了。记《室庐第一》。

室庐

原文

用木为格，以湘妃竹横斜钉之，或四或二，不可用六。两傍用板为春帖，必随意取唐联佳者刻于上。若用石梱，必须板扉。石用方厚浑朴，庶不涉俗。门环得古青绿蝴蝶、兽面，或天鸡、饕餮之属，钉于上为佳。不则用紫铜，或精铁如旧式铸成亦可，黄、白铜俱不可用也。漆惟朱、紫、黑三色，余不可用。

译文

用木头做门框的横格，横斜地钉上斑竹，只能用四根或者两根，不能用六根。门的两旁用木板做春联，一定要选取好的唐诗联句刻写在木板上。如果用石头做门槛，就一定要用木板门扇。用作门槛的石头，应选方正浑厚的，自然不俗气。门环最好用蝴蝶兽面，或者天鸡、饕餮等形状的古青铜，否则就用紫铜或者精铁，像旧式那样铸造而成的，黄铜和白铜的都不能用。漆只能用红、紫、黑三种，其余的都不能用。

门

阶

原文

自三级以至十级，愈高愈古，须以文石剥成。种绣墩或草花数茎于内，枝叶纷披，映阶傍砌。以太湖石迭成者，曰「涩」浪，其制更奇，然不易就。复室须内高于外，取顽石具苔斑者嵌之，方有岩阿之致。

译文

门前的石阶从三级到十级，越高越显得古朴，要用有纹理的石头剥开制成；在石阶缝隙里种上一些『沿阶草』或者野花草，枝叶纷纷，披挂在石阶上。用带有水纹的太湖石砌成的，如同水波，更加奇妙，但是不易做好。套房的内室要高于外室，用形状不规则、带有苔藓痕迹的石头镶嵌台阶，这样才有山谷的风味。

阶

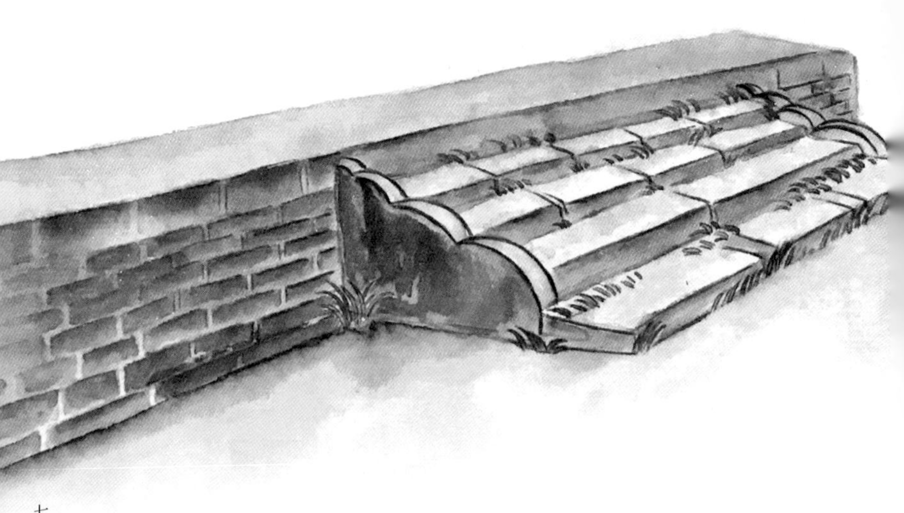

栏杆

原文

石栏最古，第近于琳宫梵宇，及人家冢墓。傍池或可用，然不如用石莲柱二，木栏为雅。柱不可过高，亦不可雕鸟兽形。亭、榭、廊、庑，可用朱栏及鹅颈承坐。堂中须以巨木雕如石栏，而空其中。顶用柿顶，朱饰；中用荷叶宝瓶，绿饰；卍字者，宜闺阁中，不甚古雅。取画图中有可用者，以意成之可也。三横木最便，第太朴，不可多用，更须每楹一扇，不可中竖，一木分为二三。若斋中则竟不必用矣。

译文

栏杆数石栏杆最古朴，只是多用于道院、佛寺以及墓地。池塘边也可以用，但是不如石雕莲花柱和木栏杆雅致。栏杆的立柱不能过高，也不能雕刻成鸟兽形状。亭子、水边楼台、走廊、小屋，可以用朱红栏杆和鹅颈纤细栏杆；中间的立柱要用大木料雕成石栏杆的样子，中间挖空。顶部做成柿子形状，漆成朱红色，中部做成荷叶宝瓶形状，漆成绿色；饰有『卍』字图案的栏杆适合用于闺阁中，但不太古雅；可以从画图中选取符合自己心意的图案来做。用三道横木做成的栏杆最简便，只是过于单调，不能多用。栏杆要以一根立柱为一扇，不能在中间用竖木来分成二三格，如果在室内就不必这样。

栏杆

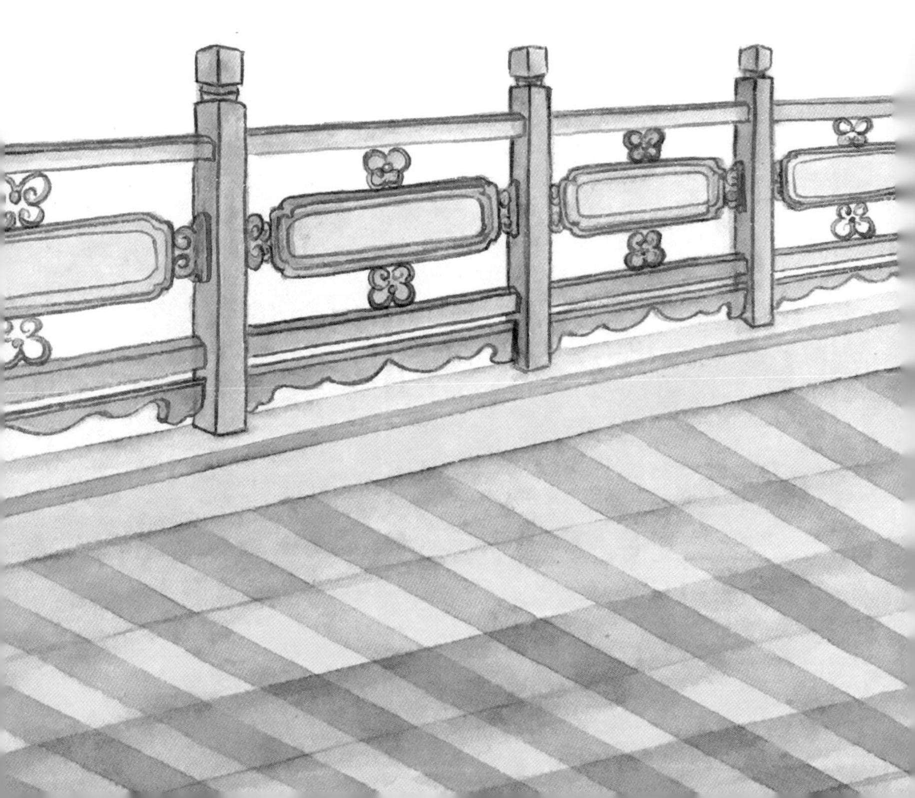

照壁

原文

得文木如豆瓣楠之类为之，华而复雅，不则竟用素染，或金漆亦可。青紫及洒金描画，俱所最忌。亦不可用六，堂中可用一带，斋中则止中楹用之。有以夹纱窗或细格代之者，俱称俗品。

译文

选用像『豆瓣楠』这类有纹理的木材来做的照壁，既华丽又雅致，如果不是用有纹理的木材做的，就全部漆成白色，或者清漆也可以。最忌讳用青紫色以及洒金描画。照壁也不能用六面，厅堂可以用长幅的，室内就只在当中设置。有的用夹纱窗或者细木格子代替，这些都流于低俗了。

照壁

堂

原文

堂之制，宜宏敞精丽，前后须层轩广庭，廊庑俱可容一席。四壁用细砖砌者佳，不则竟用粉壁。梁用球门，高广相称。层阶俱以文石为之，小堂可不设窗槛。

译文

堂屋的规格应当宽敞华丽，前面有庭院，后面有楼阁，走廊能容纳一席宴席；四面墙壁用细砖砌成最好，不然就全部做成粉墙。大梁做成拱券，高宽适度。台基用带纹理的石料垒砌，小堂屋可以不设窗槛。

堂

山斋

原文

宜明净，不可太敞。明净可爽心神，太敞则费目力。或傍檐置窗槛，或由廊以入，俱随地所宜。中庭亦须稍广，可种花木，列盆景，夏日去北扉，前后洞空。庭际沃以饭瀋，雨渍苔生，绿缛可爱。绕砌可种翠芸草令遍，茂则青葱欲浮。前垣宜矮。有取薜荔根瘗墙下，洒鱼腥水于墙上引蔓者，虽有幽致，然不如粉壁为佳。

译文

山居应当明亮洁净，不要太宽大。明净可以让人心神爽快，过于宽大就有些费眼神。靠近屋檐处开设窗户，或者开在走廊一面，要根据地形环境设置。中堂前的庭院需稍微大一些，可以种上些花木，摆设盆景，夏天卸去北面的门扇，前后贯通，便于通风。庭院里浇洒一些米汤，雨后就会生出厚厚的苔藓，青翠可爱。沿着屋基全都种满翠云草，夏日茂盛时，苍翠葱茏，随风浮动。前面的院墙要做得低矮一些，有的人将薜荔草的根埋在墙下，再往墙面洒上鱼腥水，使藤蔓顺墙攀缘，这样虽然有幽深的风味，但还是不如白色粉墙好。

山斋

桥

原文

广池巨浸，须用文石为桥，雕镂云物，极其精工，不可入俗。小溪曲涧，用石子砌者佳，四傍可种绣墩草。板桥须三折，一木为栏，忌平板作朱卍字栏。有以太湖石为之，亦俗。石桥忌三环，板桥忌四方磬折，尤忌桥上置亭子。

译文

宽广的池塘，需用文石架桥，石桥上雕刻云气、景物，做工务求精细，不可流俗。小溪山泉，用石子垒成小桥最好；四周可种上绣墩草。木桥需有三折，不宜平直；用木条为栏，忌讳用平板作朱红的『卍』字栏杆；也有用太湖石做的，这很俗气。石桥忌讳三个转折，木桥忌讳直角转折，尤其忌讳在桥上建亭子。

桥

茶寮

原文

构一斗室，相傍山斋，内设茶具。教一童专主茶役，以供长日清谈，寒宵兀坐。幽人首务，不可少废者。

译文

建一小屋与山居相傍，内设茶具。令一小童专事煮茶，专供白天清谈夜晚独坐的茶水。这是山林隐士的首要之事，不可或缺。

琴室

原文

古人有于平屋中埋一缸，缸悬铜钟，以发琴声者。然不如层楼之下，盖上有板，则声不散，下空旷则声透彻。或于乔松、修竹、岩洞、石室之下，地清境绝，更为雅称耳。

译文

古时有人在平房的地下埋一口大缸，里面悬挂铜钟，用此与琴声产生共鸣。但是这不及阁楼底层弹琴的效果，由于上面是封闭的，声音不会散；下面空旷，声音也透彻。或者设在乔松、修竹、岩洞、石屋之下，地境清净，更具风雅。

街径庭除

◎原文

驰道广庭，以武康石皮砌者最华整。花间岸侧，以石子砌成，或以碎瓦片斜砌者，雨久生苔，自然古色，宁必金钱作埒，乃称胜地哉？

◎译文

道路及庭院地面用武康石石块铺设，最为华丽整洁。花木间的小道、池水岸边，用石子铺砌，或者用碎瓦片斜着嵌砌，雨水经久便生苔藓，自然天成，古色古香。为什么说一定要耗费巨资打造的才称得上美景胜地呢？

街径 庭除

楼阁

原文

楼阁作房闼者，须回环窈窕；供登眺者须轩敞弘丽；藏书画者须爽垲高深。此其大略也。楼作四面窗者，前楹用窗，后及两傍用板。阁作方样者，四面一式。楼前忌有露台、卷蓬，楼板忌用砖铺，盖既名楼阁，必有定式，若复铺砖，与平屋何异？高阁作三层者最俗，楼下柱稍高，上可设平顶。

译文

楼阁，用作寝室的，应回环玲珑；专供登高望远的，需宽阔敞亮；用于藏书画的，必须地势高凸、干爽透风，这些是建造楼阁的基本要求。阁楼需四面都开窗的，前面的做成透光窗，后面及两旁的做成木板窗。楼阁是四方形的，四面都应一样，楼前忌讳设置露台、阳篷，楼板上不能铺砖。因为既然是楼阁，就有一定格式，如果再铺上砖，与平房有什么区别呢？楼阁做成三层最俗气。楼下立柱稍高，上面可设平顶。

楼阁

台

原文

筑台忌六角，随地大小为之。若筑于土冈之上，四周用粗木，作朱阑亦雅。

译文

筑台，根据地面大小来建筑，忌讳做成六角形。如果建筑在山冈上，四周用粗木做栏杆，漆成朱红色，也还是比较素雅的。

台

花木

花木

◎原文

弄花一岁，看花十日，故帏箔映蔽，铃索护持，非徒富贵容也。第繁花杂木，宜以亩计。乃若庭除槛畔，必以虬枝古干，异种奇名，枝叶扶疏，位置疏密。或水边石际，横偃斜披，或一望成林，或孤枝独秀，草木不可繁杂，随处植之，取其四时不断，皆入图画。又如桃李，不可植于庭除，似宜远望。红梅绛桃，俱借以点缀林中，不宜多植。梅生山中，有苔藓者移置药栏，最古。杏花差不耐久，开时多值风雨，仅可作片时玩。蜡梅冬月最不可少。他如豆棚菜圃，山家风味，固自不恶，然必辟隙地数顷，别为一区；若于庭除种植，便非韵事。更有石磉木柱，架缚精整者，愈入恶道。至于艺兰栽菊，古各有方，时取以课园丁，考职事，亦幽人之务也。志《花木第二》。

◎译文

养花一年，赏花十日。所以劳神费力，精心养护，不能只为培育名花珍卉，而应培植各种花木，最好面积大于一亩。如庭院中、栏杆旁，应当是虬枝古干，品种各异，枝叶茂盛，疏密有致。或水畔石旁，横逸斜出；或一望成林；或一枝独秀。草木不可繁杂，随处种植，使其四季更替，景色不断。又如桃、李不可植于庭院，只宜远望；红梅、绛桃，只是林中点缀，不宜多植。梅花生于山中，将其中有苔藓的移植到药栏，最为古雅。杏花花期不长，开花时节，风雨正多，仅可短暂观赏。蜡梅于冬季不可或缺，其他的像豆

花木

棚、菜园，山家风味，虽然也很不错，然而定要另辟大片空地种植，使其自成一区，如在庭院种植，便失风雅。更有石墩木桩，搭架绑缚，人为造型的，就更是恶俗不堪了。至于种植兰草、菊花，古时各有其法，现今用以教授园丁、考核技艺，则是幽雅人士之要务。记《花木第二》。

牡丹 芍药

原文

牡丹称花王，芍药称花相，俱花中贵裔。栽植赏玩，不可毫涉酸气。用文石为栏，参差数级，以次列种。花时设宴，用木为架，张碧油幔于上，以蔽日色，夜则悬灯以照。忌二种并列，忌置木桶及盆盎中。

译文

牡丹号称花中之王，芍药号称花中之相，均为花中贵族。栽培赏玩，不可有丝毫寒酸之气。用纹石为栏，参差排列，依次栽植。花期时设展，用木为架，罩上绿色帷幔，遮蔽日光，夜晚则挂灯照明。忌牡丹、芍药同排并列，忌置放于木桶及盆盂之中。

葵花

原文

葵花种类莫定，初夏，花繁叶茂，最为可观。一曰『戎葵』，奇态百出，宜种旷处。一曰『锦葵』，其小如钱，文采可玩，宜种阶除；一曰『向日』，别名『西番葵』，最恶。秋时一种，叶如龙爪，花作鹅黄者，名『秋葵』，最佳。

译文

葵花的种类不定，初夏时花繁叶茂，最为可观。『戎葵』，千姿百态，宜种空旷之地；『锦葵』，小如铜钱，色彩斑斓，宜种庭前石阶；『向日葵』，别名『西番葵』，最差；秋季有一种，叶如龙爪，花冠鹅黄色，叫『秋葵』，最佳。

玉兰

原文

宜种厅事前。对列数株，花时如玉圃琼林，最称绝胜。别有一种紫者，名木笔，不堪与玉兰作婢，古人称『辛夷』，即此花。然辋川『辛夷坞』、『木兰柴』，不应复名，当是二种。

译文

玉兰，适宜种植于厅堂前。排列数株，花开时一片白洁，如玉圃琼林，堪称绝妙胜景。另外有一种紫色的，名叫木笔，不堪作玉兰的奴婢，古人所称辛夷，就是此花。然而，辋川辛夷坞、木兰柴不是同种异名，应是两个品种。

山茶

原文

蜀茶、滇茶俱贵，黄者尤不易得。人家多以配玉兰，以其花同时，而红白烂然，差俗。又有一种名『醉杨妃』，开向雪中，更自可爱。

译文

川茶花、滇茶花都很名贵，黄色的更难得。寻常人家喜用山茶与玉兰同种，因为二者同期开花，红白相间，鲜艳夺目，但有点俗气。还有一种名叫『醉杨妃』，开在雪中，更加可爱。

海棠

原文

昌州海棠有香，今不可得。其次西府为上，贴梗次之，垂丝又次之。余以垂丝娇媚，真如妃子醉态，较二种尤胜。木瓜花似海棠，故亦曰『木瓜海棠』。但木瓜花在叶先，海棠花在叶后，为差别耳。别有一种曰『秋海棠』，性喜阴湿，宜种背阴阶砌，秋花中此为最艳，亦宜多植。

译文

昌州的海棠有香气，现在找不到了；其次是西府海棠为上品，再其次是贴梗海棠，垂丝海棠还要差些。我认为垂丝海棠娇媚如杨贵妃醉酒之态，比前两种更美。木瓜似海棠，所以也叫『木瓜海棠』。但木瓜是先开花后长出嫩叶；而海棠则是先长出花叶，后开花，这是两者的区别。另有一种『秋海棠』，喜欢阴凉潮湿，适宜种在庭前台阶背阴之处，秋季花卉中，它是最娇艳的，也适合多种。

原文

桃为仙木，能制百鬼，种之成林，如入武陵桃源，亦自有致，第非盆盎及庭除物。桃性早实，十年辄枯，故称『短命花』。碧桃、人面桃差久，较凡桃更美，池边宜多植。若桃柳相间，便俗。

译文

桃树是仙木，能镇百鬼，种植成林，就像进入武陵桃花源，也很别致，但不是盆钵及庭院种植的树木。桃树的特性是成熟很快，开花结果早，树龄短，十年就枯竭了，所以称为『短命花』。碧桃、人面桃开花迟一些，但比一般的桃花更美，池塘边可多种一些。桃树不要与柳树种在一起，那样很俗气。

桃

李

原文

桃花如丽姝，歌舞场中，定不可少。李如女道士，宜置烟霞泉石间，但不必多种耳。别有一种名郁『李子』，更美。

译文

桃花如美女，歌舞场中，必不可少。李花如女道士，宜植于云雾缭绕的山泉石林之中，但不必多种。还有一种叫『郁李子』的，更美。

原文

杏与朱李、蟠桃皆堪鼎足，花亦柔媚。宜筑一台，杂植数十本。

译文

杏能与朱李、蟠桃媲美，花也娇柔妩媚。可以构筑一个平台，在此混合种植几十株这三种花木。

原文

幽人花伴，梅实专房，取苔护藓封，枝稍古者，移植石岩或庭际，最古。另种数亩，花时坐卧其中，令神骨俱清。绿萼更胜，红梅差俗；更有虬枝屈曲，置盆盎中者，极奇。蜡梅磬口为上，荷花次之，九英最下，寒月庭际，亦不可无。

译文

幽雅之人，常有花伴，而梅花最受宠爱。取附有苔藓、枝干粗大的移植到岩石或庭院间，如此最雅。另外种植数亩，花开时坐卧其间，令人身心清爽。绿萼梅最佳，红梅稍俗；将枝干盘曲的植于盆缸中，特别奇丽。磬口蜡梅是上品，荷花梅稍逊，九英梅最次，然而，寒冬腊月，庭院里也不能没有。

原文

玫瑰一名『徘徊花』，以结为香囊、芬氲不绝，然实非幽人所宜佩。嫩条丛刺，不甚雅观。花色亦微俗，宜充食品，不宜簪带。吴中有以亩计者，花时获利甚夥。

译文

玫瑰的别名叫『徘徊花』，用它做成香袋，香气不绝，但实在不适合雅士佩戴。枝叶柔嫩，丛生多刺，不甚雅观，花色也稍显俗气，适合做食品，不宜佩戴。江南一带，多种植数亩，花季获利甚丰。

玫瑰

蔷薇 木香

原文

尝见人家园林中，必以竹为屏，牵五色蔷薇于上。架木为轩，名『木香棚』。花时杂坐其下，此何异酒食肆中？然二种非屏架不堪植，或移着闺阁，供士女采掇，差可。别有一种名『黄蔷薇』，最贵，花亦烂漫悦目。更有野外丛生者，名『野蔷薇』，香更浓郁，可比玫瑰。他如宝相、金沙罗、金钵盂、佛见笑、七姊妹、十姊妹、刺桐、月桂等花，姿态相似，种法亦同。

译文

曾见人家园林里，都用竹编篱笆，上面爬满各色蔷薇花。木香沿架攀缘，如同亭台，名叫『木香棚』。花开时节，众人坐在花下，这与在酒楼饭馆有什么不同？但是这两种植物不依附于篱笆架棚就不能种植，或许可以植于闺房，供女子采摘，勉强可以。另有一种叫『黄蔷薇』的最珍贵，花朵烂漫悦目。更有野外丛生的，叫『野蔷薇』，香气更加浓郁，与玫瑰相当。其他的如宝相、金沙罗、金钵盂、佛见笑、七姊妹、十姊妹、刺桐、月桂等花，姿态相似，种法相同。

蔷薇 木香

芙蓉

原文

宜植池岸，临水为佳；若他处植之，绝无丰致。有以靛纸蘸花蕊上，仍裹其尖，花开碧色，以为佳，此甚无谓。

译文

芙蓉适宜种植在水岸，靠近水边最佳，如果在别处种植，绝无风致。有人用靛蓝纸蘸花蕊里，还裹上尖部，花开时呈碧蓝色，以为好看，这毫无意义。

薝葡

原文

一名『越桃』，一名『林兰』，俗名『栀子』，古称『禅友』。出自西域，宜种佛室中。其花不宜近嗅，有微细虫入人鼻孔，斋阁可无种也。

译文

一名『越桃』，又名『林兰』，俗名『栀子』，古时称『禅友』。来自西域，适合种在佛室中。菖蒲的花不宜近嗅，容易有细微的虫子飞进鼻孔。斋阁之内可以不种此物。

萱花

原文

萱草忘忧，亦名『宜男』，更可供食品，岩间墙角，最宜此种。又有金萱，色淡黄，香甚烈，义兴山谷遍满，吴中甚少。他如紫白蛱蝶、春罗、秋罗、鹿葱、洛阳、石竹，皆此花之附庸也。

译文

萱草又名忘忧，也叫『宜男』，可做食品，岩间墙角最宜种植。还有金萱，花色淡黄，香气浓郁，义兴一带，长得满山遍野，吴地很少。其他如紫白蛱蝶、春罗、秋罗、鹿葱、洛阳、石竹，都是这种花的附庸。

藕花

原文

藕花，池塘最胜，或种五色官缸，供庭除赏玩犹可。缸上忌设小朱栏。花亦当取异种，如并头、重台、品字、四面观音、碧莲、金边等，乃佳。白者藕胜，红者房胜。不可种七石酒缸及花缸内。

译文

藕花植于池塘最美，或者植于彩色官窑瓷缸，置于庭院赏玩也可。缸上忌设朱红小栏杆。花也应选特别的品种，如并头、重台、品字、四面观音、碧莲、金边等品种就很好。开白花的，藕大；开红花的，花托大。不可种植在能装七石酒的大缸和瓦缸里。

芙蓉

原文

洁白如玉，有微香，秋花中亦不恶。但宜墙边连种一带，花时一望成雪，若植盆石中，最俗。紫者名紫萼，不佳。

译文

玉簪，洁白如玉，有微香，在秋季花中也算不错的。只适合沿着墙边栽一片，开花时，看上去像一片白雪，如植于盆中，就很俗。紫色的玉簪，叫『紫萼』，不好看。

杜鹃

原文

花极烂漫，性喜阴畏热，宜置树下阴处。花时移置几案间。别有一种名『映山红』，宜种石岩之上，又名『羊踯躅』。

译文

杜鹃，花特别烂漫，它喜阴凉怕温热，适宜置放在树下背阴处。开花时，移放到室内几案上。另有一种叫『映山红』，宜种于野外山坡，它又叫『羊踯躅』。

水仙

原文

水仙二种，花高叶短，单瓣者佳。冬月宜多植，但其性不耐寒。取极佳者移盆盎，置几案间。次者杂植松竹之下，或古梅奇石间，更雅。冯夷服花八石，得为水仙，其名最雅，六朝人乃呼为『雅蒜』，大可轩渠。

译文

水仙有两种，花高叶短，单瓣水仙最好。适合冬季种植，但不耐寒，选取特别好的移植在盆中，置于几案之上。其余较差的，间种在松树竹林之下，或者种于梅花怪石之间，更雅。水神河伯服用了八石这种花，因此得名水仙，这名字很雅致，而六朝人却叫作『雅蒜』，颇为可笑。

桂

原文

从桂开时，真称『香窟』，宜辟地二亩，取各种并植，结亭其中，不得颜以『天香』、『小山』等语，更勿以他树杂之。树下地平如掌，洁不容唾，花落地，即取以充食品。

译文

成片桂花盛开时，真称得上是『香窟』。宜选地两亩，种上各种桂树，在里面建一亭，不要用『天香』、『小山』等命名，更不要种植其他树在里面。使树下的地平整、洁净，不许有人进入，桂花落到地上，就可用作食品。

原文

夏夜最宜多置，风轮一鼓，满室清芬。章江编篱插棘，俱用茉莉。花时，千艘俱集虎丘，故花市初夏最盛。培养得法，亦能隔岁发花，第枝叶非几案物，不若夜合，可供瓶玩。

译文

夏夜最适合多搁置一些，夜风一吹，满屋清香，章江一带编篱笆都用茉莉枝条。开花季节，无数船只聚集在虎丘，所以花市在初夏最旺盛。培育得法，还能隔年开花，不过，茉莉的枝叶较多，不宜置放几凳案头，不像夜合，可插于瓶中观赏。

秋色

原文

吴中称鸡冠、雁来红、十样锦之属，名『秋色』。秋深，杂彩烂然，俱堪点缀。然仅可植广庭，若幽窗多种，便觉芜杂。鸡冠有矮脚者，种亦奇。

译文

吴地称鸡冠、雁来红、十样锦等为『秋色』。因为一到深秋，这些花色彩斑斓，热烈耀眼，但只可植于宽广庭园，如在窗下多种，就显得杂芜。有一种很矮小的鸡冠花，也很奇特。

原文

松、柏，古虽并称，然最高贵者，必以松为首。天目最上，然不易种。取栝子松植堂前广庭，或广台之上，不妨对偶。斋中宜植一株，下用文石为台，或太湖石为栏，俱可。水仙、兰蕙、萱草之属，杂莳其下。山松宜植土冈之上，龙鳞既成，涛声相应，何减五株九里哉？

译文

松、柏，古时虽然并称，但最高贵的，一定是松列为首位。天目山的松树，最好，但不易种植。用栝子松种在堂前庭院，或广台之上，不妨对偶相植。室内也可种一株，下面用文石做成台，或者用太湖石做栏杆，都可以。水仙、兰蕙、萱草之类，种在树下。山松宜植于土坡山冈之上，山松成林之后，松涛阵阵，回荡山谷，哪里亚于五株、九里的雄壮呢？

松

原文

顺插为杨，倒插为柳，更须临池种之。柔条拂水，弄绿搓黄，大有逸致。且其种不生虫，更可贵也。西湖柳亦佳，颇涉脂粉气。白杨、风杨，俱不入品。

译文

枝叶朝上的是杨树，枝叶下垂的是柳树，柳树最好种在池塘水边。柔枝轻拂水面，黄芽绿叶相映，颇具闲情逸致；而且柳树不生虫，更是可贵。西湖柳也很好，颇有女子风韵。白杨、风杨都不入品。

柳

芭蕉

原文

绿窗分映，但取短者为佳，盖高则叶为风所碎耳。冬月，有去梗以稻草覆之者，过三年，即生花结甘露，亦甚不必。又有作盆玩者，更可笑。不如棕榈为雅，且为麈尾蒲团，更适用也。

译文

芭蕉，宜植于窗下，但以稍矮小的为好，因为高大的，叶子容易被风刮碎。有人在冬季砍掉梗茎，用稻草覆盖起来，过三年，就长出含有露水的花蕾，称为『甘露』，取为食用，其实没有意义。还有制成盆景的，更可笑。芭蕉不如棕榈雅致，用来做拂尘、蒲团更实用。

槐榆

原文

宜植门庭，板扉绿映，真如翠幄。槐有一种天然樛屈，枝叶皆倒垂蒙密，名『盘槐』，亦可观。他如石楠、冬青、杉、柏，皆邱垅间物，非园林所尚也。

译文

槐、榆适合种在门庭，门户绿叶掩映，恰如青翠幕帐。有一种自然下弯，枝叶倒垂茂密的槐树，叫『盘槐』，也还好看。其他如石楠、冬青、杉、柏，都属于墓地种植的树木，不适合园林种植。

梧桐

原文

青桐有佳荫，株绿如翠玉，宜种广庭中。当日令人洗拭，且取枝梗如画者；若直上而旁无他枝，如拳如盖，及生棉者，皆所不取，其子亦可点茶。生于山冈者，曰『冈桐』，子可作油。

译文

梧桐植株高大，枝叶繁茂，青翠如玉，遮阴蔽日，适宜种植在宽敞的庭院之中。选取枝梗形态好看的令人每天清洗擦拭，使其美观如画。树干光秃，枝叶稀少，像拳头，如伞盖一样以及生有飞絮的，都不可用。梧桐的种子可以用来沏茶。生在山冈上的叫『冈桐』，种子可榨油。

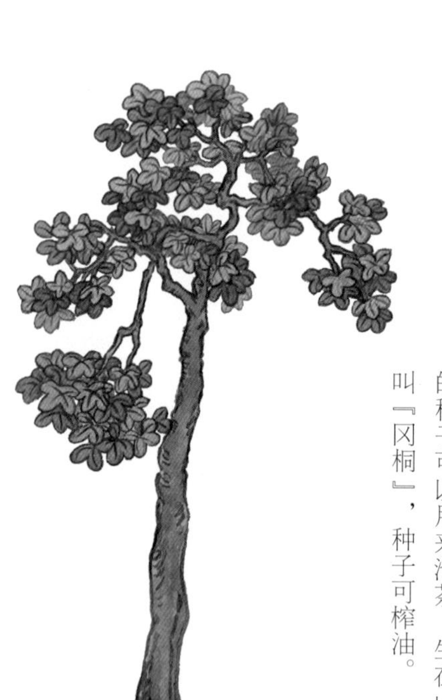

椿

原文

椿树高耸，而枝叶疏，与樗不异，香曰『椿』，臭曰『樗』。圃中沿墙，宜多植以供食。

译文

椿树高耸枝叶稀疏，与樗没有差别，香的，叫『椿』，臭的，叫『樗』，即臭椿。园子沿墙可多种一些供食用。

银杏

原文

银杏株叶扶疏，新绿时最可爱。吴中刹宇及旧家名园，大有合抱者，新植似不必。

译文

银杏枝叶扶疏，刚长新叶时，最好看。吴地的寺院及旧时大家名园里，有合抱之大的银杏，可不必新种。

乌桕

原文

秋晚叶红可爱，较枫树更耐久，茂林中有一株两株，不减石径寒山也。

译文

深秋的乌桕，红叶可爱，比枫树更耐久，茂密树林里，有一两株，不亚于杜牧诗中的霜叶。

竹

原文

种竹宜筑土为垅，环水为溪，小桥斜渡，陟级而登。上留平台，以供坐卧，科头散发，俨如万竹林中人也。否则辟地数亩，尽去杂树，四周石垒令稍高，以石柱朱栏围之，竹下不留纤尘片叶，可席地而坐，或留石台、石凳之属。竹取长枝巨干，以毛竹为第一，然宜山不宜城。城中则护基笋最佳，竹不甚雅。粉、筋、斑、紫四种俱可，燕竹最下。慈姥竹即桃枝竹，不入品。又有木竹、黄菰竹、箬竹、方竹、黄金间碧玉、观音、凤尾、金银诸竹，忌种花栏之上，及庭中平植一带、墙头，直立数竿。至如小竹丛生，曰『潇湘竹』，宜于石岩小池之畔，留植数枝，亦有幽致。种竹有疏种、密种、浅种、深种之法。疏种，谓三四尺地方种一窠，欲其土虚行鞭。密种

译文

竹子最好是栽种在用土垒筑的高台上，四周水环绕为溪流，置小桥渡溪，然后拾级而上，上面留平台供人坐卧，披头散发，置身其间，俨然林中仙人。不然，专门辟地数亩，除去杂树，四周垒些石头，使其稍高，用石柱木栏围起来，竹林下不留一点尘土、一片落叶，可以席地而坐，或者安置一些石台、石凳供人使用。要选取高大的竹子，毛竹为首选，但毛竹只适合山野而不宜城里栽种；城里种护基笋最好，竹则稍嫌不雅。粉竹、筋竹、斑竹、紫竹，这四种都可以，燕竹最差。慈姥竹即桃枝竹，不入品。还有木竹、黄菰竹、箬竹、方竹、黄

竹

谓竹种虽疏，然每棵却种四五竿，欲其根密；浅种，谓种时入土不深；深种，谓入土虽不深，上以田泥壅之。如法，无不茂盛。又棕竹三等，曰『筋头』，曰『短柄』，二种枝短叶垂，堪植盆盎；曰『朴竹』，节稀叶硬，全欠温雅，但可作扇骨料及画义柄耳。

金间碧玉、观音、凤尾、金银等竹。竹，忌种在花栏之上，以及在庭院平地；或者沿着院墙，直立一排。像小竹丛生的『潇湘竹』，可在石岩小池旁栽植几株，也还清幽。种竹有『疏种』、『密种』、『浅种』、『深种』四种方法。疏种：『隔三四尺种一窠，空出地方让根延伸』；密种：『虽然种得稀疏，但每窠却种有四五株，使其根部紧密』；浅种：『种植时，入土不深』；深种：『入土虽然不深，但根上培有泥土』。照此四法种植，没有长得不茂盛的。还有棕榈竹三种：筋头、短柄这两种枝短叶垂，可植于盆中；朴竹，节稀而叶硬，完全缺乏温雅，但可做扇子的筋骨和画轴。

菊

原文

吴中菊盛时，好事家必取数百本，五色相间，高下次列，以供赏玩。此以夸富贵客则可，若真能赏花者，必觅异种，用古盆盎植一枝两枝，茎挺而秀，叶密而肥。至花发时，置几榻间，坐卧把玩，乃为得花之性情。甘菊惟荡口有一种，枝曲如偃盖，花密如铺锦者，最奇，余仅可收花以供服食。野菊，宜着篱落间。种菊有『六要二防』之法，谓：胎养、土宜、扶植、雨旸、修葺、灌溉、防虫，及雀作窠时，必来摘叶。此皆园丁所宜知，又非吾辈事也。至如瓦料盆及合两瓦为盆者，不如无花为愈矣。

译文

吴地菊花盛开之时，附庸风雅者定会采集几百株，五颜六色，高低排列，以供赏玩，这只能用来炫耀富贵而已。如真正会赏花的人，一定要寻觅独特品种，用古色盆盂植一两株，茎干挺拔，枝叶茂密，花开时，置于几案卧榻间，坐卧把玩，这样才能体味花之品性情致。无锡荡口特有的一种甘菊，枝干弯曲如伞盖，花密如铺陈锦缎，十分奇特，但只能采集花朵用作饮料。野菊适合种在院落里。种菊有『六要』和『二防』，『六要』即六道工艺要求：育苗培养、土壤适宜、培植扶持、雨露阳光、修枝整株、浇水施肥；『二防』即防止病虫害、防止雀鸟啄衔枝叶做窝。这些都是花工园丁应当了解的，而不是我等做的事。至于用瓦料盆钵以及用两块瓦合拢做花盆的，还不如不养花更好。

菊

原文

兰，出自闽中者为上，叶如剑芒，花高于叶。《离骚》所谓『秋兰兮青青，绿叶兮紫茎』者是也。次则赣州者亦佳，此俱山斋所不可少，然每处仅可置一盆，多则类虎丘花市。盆盎须觅旧龙泉、钧州、内府、供春绝大者，忌用花缸、牛腿诸俗制。四时培植，春日叶芽已发，盆土已肥，不可沃肥水。常以尘帚拂拭其叶，勿令尘垢。夏日花开叶嫩，勿以手摇动，待其长茂，然后拂拭。秋则微拨开根土，以米泔水少许注根下，勿渍污叶上。冬则安顿向阳暖室，天晴无风舁出，时时以盆转动，四面令匀，午后即收入，勿令霜雪侵之。若叶黑无花，则阴多故也。

译文

福建出产的兰是最佳品种，叶如利剑，花高于叶，《离骚》中描写的『秋兰兮青青，绿叶兮紫茎』，就是这种兰花。其次，江西赣州的，也很好。这种兰，山斋不可少，但每处只可植一盆，多了，就像虎丘的花市。盆钵要挑选龙泉、钧州、内府、供春等名窑出产的最大号，忌用粗糙的土钵瓦缸。四季培植，到春天发芽后，盆土养分已经足够，不能再施肥，经常拂拭叶子，不能积存灰尘脏物；夏季花开叶子娇嫩，不要用手掰动，待长厚实后，再拂拭；秋季，轻轻松土，然后往根下浇灌少许淘米水，不要溅洒在叶上；冬季则安放到向阳暖和的室内，无风的晴天，就搬到室外，晒太阳，不时转动花盆，让它四面接受阳

治蚁虱，惟以大盆或缸盛水，浸逼花盆，则蚁自去。又治叶虱如白点，以水一盆，滴香油少许于内，用绵蘸水拂拭，亦自去矣。此艺兰简便法也。又有一种出杭州者，曰『杭兰』，出阳羡山中者，名『兴兰』，一干数花者，曰『蕙』，此皆可移植石岩之下，须得彼中原本，则岁岁发花。『珍珠』、『风兰』俱不入品。『箬兰』，其叶如箬，似兰无馨，草花奇种。『金粟兰』名『赛兰』，香特甚。

兰

光，午后即搬回室内，不要受到霜雪侵袭。如果叶子发黑，不开花，是光照太少的缘故。治蚂蚁和叶虱，用大盆子或大缸子盛水，把花盆浸入水中，蚂蚁会自己跑走；治叶虱，在一盆水中滴进少许香油，用棉花蘸水拂拭，叶虱也会自己跑走。这是种植艺兰的简便方法。有一种杭州产的，叫『杭兰』；阳羡山中产的，叫『兴兰』；一株开有很多花的，叫『蕙』，这些都可移植在石岩之下，只要生长在它原生的山野之地，就会年年开花。『珍珠』、『凤兰』，都不入品。箬兰，叶子如竹叶，似兰而无香，是奇特花草。金粟兰，又叫『赛兰』，特别香。

瓶花

原文

堂供必高瓶大枝，方快人意。忌繁杂如缚，忌花瘦于瓶。忌香、烟、灯、煤熏触，忌油手拈弄，忌井水贮瓶，味咸不宜于花，忌以插花水入口，梅花、秋海棠二种，其毒尤甚。冬月入硫黄于瓶中，则不冻。

译文

陈列在厅堂的瓶花，一定要高瓶大枝才赏心悦目。忌繁杂纷乱，忌花小瓶空，忌香烟灯下熏染，忌油手玩弄，忌瓶里装井水，因盐碱水不宜养花，忌将插花瓶里的水误入口中，梅花、海棠两种花的毒性特别大。冬季，在花瓶中加入一些硫磺，水就不会结冰。

瓶花

盆玩

原文

盆玩时尚，以列几案间者为第一，列庭榭中者次之，余持论则反是，最古者以天目松为第一，高不过二尺，短不过尺许，其本如臂，其针若簇，结为马远之『欹斜诘屈』、郭熙之『露顶张拳』，刘松年之『偃亚层叠』，盛子昭之『拖拽轩翥』等状，栽以佳器，槎牙可观。又有古梅，苍藓鳞皴，苔须垂满，含花吐叶，历久不败者，亦古。若如时尚，作沉香片者，甚无谓。盖木片生花，有何趣味？真所谓以耳食者矣。又有枸杞及水冬青、野榆、桧柏之属，根若龙蛇，不露束缚锯截痕者，俱高品也。其次则闽之水竹、杭之虎

译文

盆景，当今时尚以置于几案之上为第一，陈列在庭院楼台稍逊，而我的观点相反。最古朴的，天目松当为第一，它高不过二尺，矮不低于尺许，树干如臂，针叶如簇，形成画家马远的『倾斜弯曲』，郭熙的『豪放粗犷』，刘松年的『交错层叠』，盛子昭的『低拽高飞』等各种形状，用上等钵盂培植，参差错落，十分雅观。枝干苍劲，苔藓斑驳，含花吐叶，历久不败，也很古雅。如像时尚那样做些沉香片，就没有意思，木片生花，有何趣味？这不过是跟风趋时而已。还有枸杞、水冬青、野榆、松柏等，根如龙蛇，

盆玩

原文

刺，尚在雅俗间。乃若菖蒲九节，神仙所珍，见石则细，见土则粗，极难培养。吴人洗根浇水，竹翦修净，谓朝取叶间垂露，可以润眼，意极珍之。余谓此宜以石子铺一小庭，遍种其上，雨过青翠，自然生香。若盆中栽植，列几案间，殊为无谓，此与蟠桃、双果之类，俱未敢随俗作好也。他如春之兰蕙，夏之夜合、黄香萱、夹竹桃花，秋之黄密矮菊，冬之短叶水仙及美人蕉诸种，俱可随时供玩。盆以青绿古铜、白定、官、哥等窑为第一，新制者五色内窑及供春粗料可用，余不入品。盆宜圆，不宜方，尤忌长狭。石以灵璧、英石、

译文

不露束缚锯截痕迹的，都属上品。其次，福建水竹、杭州虎刺，处于雅俗之间。至于九节的石菖蒲，神仙都喜爱，在石子地长得瘦弱，在土地里长得粗壮，极难培养。吴人洗根浇水，修正洁净，认为取清晨叶子上的露水，可以润眼，极其珍贵。我认为可在庭院铺上石子，上面撒种，雨后发芽，自然清香；如果盆中栽植，陈列几案，则十分无趣，它与蟠桃、双果等一样，都不能趋时随俗。其他如春季的兰蕙，夏季的夜合、黄香萱、夹竹桃花，秋季的黄蜜矮菊，冬季的短叶水仙及美人蕉等，都可随时赏玩。花盆

西山佐之，余亦不入品。斋中亦仅可置一二盆，不可多列。小者忌架于朱几，大者忌置于官砖，得旧石凳或古石莲磉为座，乃佳。

以青绿色古铜器及定窑白瓷、官窑、哥窑的瓷器最好；新窑产的五彩官窑及供春粗料两种瓷器可用，其余的都不入品。花盆宜圆不宜方，尤其忌长而窄。盆中用灵璧、英石、西山等石头点缀，其余石头都不入品。盆景，室内也可置一二盆，不可过多。小盆景忌搁置红色几凳，大盆景忌讳置于官窑砖上，用旧石凳或莲花石墩放置盆景就很好。

水石

水石

原文

石令人古，水令人远，园林水石，最不可无。要须回环峭拔，安插得宜。一峰则太华千寻，一勺则江湖万里。又须修竹、老木、怪藤、丑树，交覆角立，苍崖碧涧，奔泉汛流，如入深岩绝壑之中，乃为名区胜地。约略其名，匪一端矣。志《水石第三》。

译文

石令人幽静，水令人旷达。园林中，水、石最不可或缺。山水的峭拔回环，要布局得当，相得益彰。造一山，有壁立千仞之险峻；设一水，具江湖万里之浩渺。加上修竹、古木、怪藤、奇树，交错突兀，壁崖深涧，飞泉激流，似入高山深壑之中，如此，才算得上名景胜地。这只是略举概要，并非千篇一律。记《水石第三》。

水石

瀑布

原文

山居引泉，从高而下，为瀑布稍易，园林中欲作此，须截竹，长短不一，尽承檐溜，暗接藏石罅中，以斧劈石叠高，下凿小池承水，置石林立其下，雨中能令飞泉喷薄，潺湲有声，亦一奇也。尤宜竹间松下，青葱掩映，更自可观。亦有蓄水于山顶，客至去闸，水从空直注者，终不如雨中承溜为雅。盖总属人为，此尚近自然耳。

译文

在村野山居，接引山泉从高而下成为瀑布比较容易。在园林中造瀑布，需用长短不一的竹子，承接屋檐的流水隐蔽地引入岩石缝隙，并将它垫高，下面凿小池接水，安放一些石头在池子里，下雨时能形成飞泉喷薄，潺潺有声，这也是一景。尤其在竹林松树之下，青翠掩映，更为美观。也可储水于山顶，客至开闸，水直流而下，但终究不如承接雨水而成，更有雅趣，因为山顶储水总归属于人为，而这更近于自然。

瀑布

天泉

原文

秋水为上，梅水次之。秋水白而洌，梅水白而甘。春冬二水，春胜于冬，盖以和风甘雨，故夏月暴雨不宜，或因风雷蛟龙所致，最足伤人。雪为五谷之精，取以煎茶，最为幽况，然新者有土气，稍陈乃佳。承水用布，于中庭受之，不可用檐溜。

译文

天泉以秋季雨水最好，黄梅季节的稍次。秋水清凉，梅水清甜。就春、冬二季的雨水而言，春水胜于冬水，因为春季气候温润，而夏季的狂风暴雨不洁净，或者由风雷蛟龙所导致，对人伤害最大。雪水是滋养五谷的精华，用来煎茶最佳，但新取的雪水带有土腥味，存放一些时日更好。雨水要用布在中庭露天承接，不能取屋檐水。

天泉

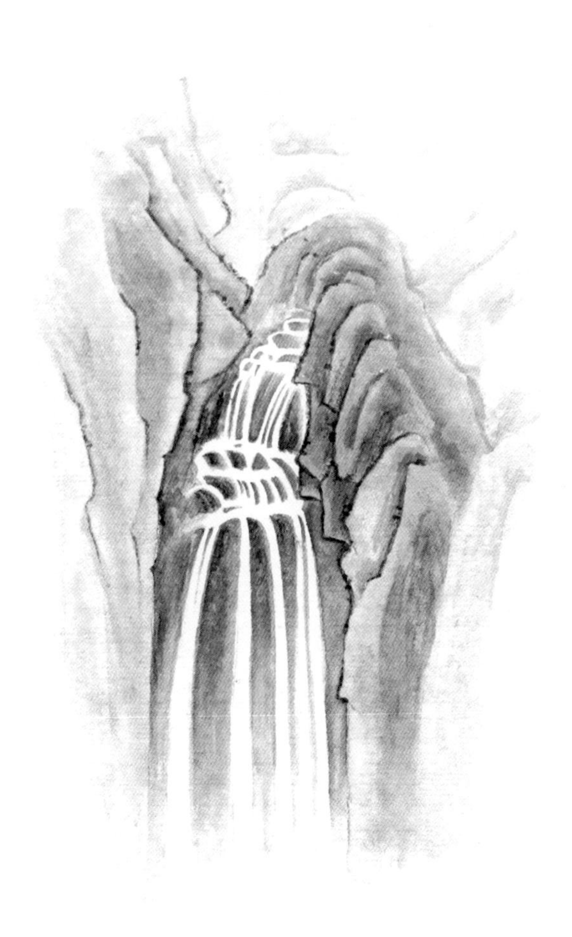

丹泉

原文

名山大川，仙翁修炼之处。水中有丹，其味异常，能延年却病，此自然之丹液，不易得也。

译文

名山大川，是道士修炼之处。这里的泉水含有丹砂，味道特别，能祛病延年，这是天然丹液，不易得到。

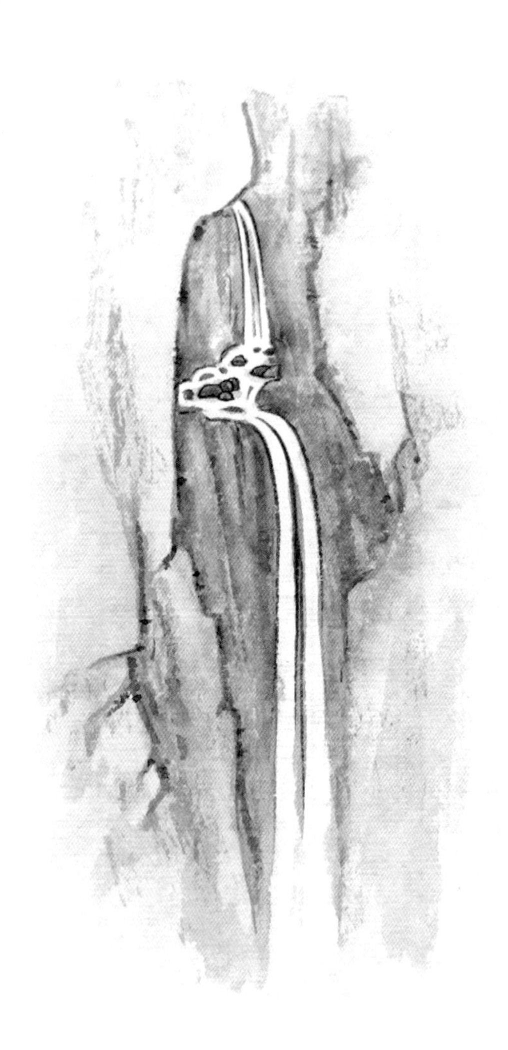

地泉

原文

乳泉，漫流如惠山泉为最胜，次取清寒者。泉不难于清，而难于寒，土多沙腻泥凝者，必不清寒。又有香而甘者，然甘易而香难，未有香而不甘者也。瀑涌湍急者勿食，食久令人有头疾。如庐山水帘、天台瀑布，以供耳目则可，入水品则不宜，温泉下生硫黄，亦非食品。

译文

地下涌出的泉水，像惠山泉那样的最美，其次是清凉的。泉水不只是要求清澈，既清又凉的很少，土厚泥细处的泉水，必然不会清凉。又如香而甜的泉水，甘甜的泉水多，但清香的难寻，没有只是清香而不甘甜的泉水。喷涌湍急的泉水，不要饮用，经常饮用会头疼。如庐山、天台山的瀑布，供人观赏还行，用作饮用则不可。温泉水富含硫磺，也不能作为饮用水。

品石

原文

石以灵璧为上，英石次之。然二种品甚贵，购之颇艰，大者尤不易得，高逾数尺者，便属奇品。小者可置几案间，色如漆，声如玉者，最佳。横石以蜡地，而峰峦峭拔者为上，俗言『灵璧无峰』、『英石无坡』，以余所见，亦不尽然。他石纹片粗大，绝无曲折、屼嵂、森耸、崚嶒者。近更有以大块辰砂、石青、石绿为研山、盆石，最俗。

译文

园林用石，以灵璧石为上品，英石稍次。但这两个品种稀少珍贵，很难买到，高大的尤其难得，几尺高的就算珍品了。小的，可置于几案，色如漆器光亮，声如玉石清脆的最佳。横石，以质地如蜡、形如峰峦峭拔的为上品，世人都说『灵璧无峰』、『英石无坡』。依我所见，也不尽然。其他石头纹理粗大，绝无曲折、陡峭、高峻、挺拔之势。如今，还有用大块丹砂、石青、孔雀石为砚台、盆石的，特别俗气。

品石

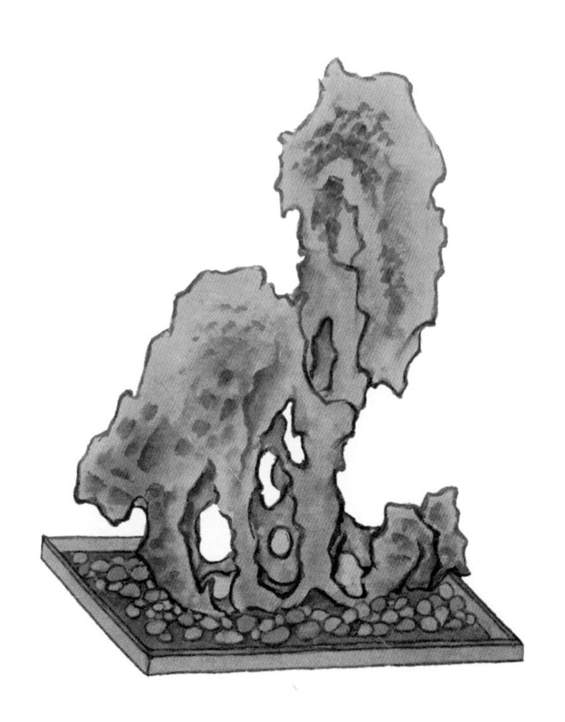

灵璧

原文

出凤阳府宿州灵璧县，在深山沙土中，掘之乃见。有细白纹如玉，不起岩岫。佳者如卧牛、蟠螭，种种异状，真奇品也。

译文

灵璧石产自凤阳府灵璧县，在深山里，挖开沙土就显露出来，它纹理细腻，洁白如玉，没有孔眼。其中有的如卧牛、盘龙等各种形态，堪称珍品。

英石

原文

出英州倒生岩下，以锯取之，故底平起峰，高有至三尺及寸余者，小斋之前，叠一小山，最为清贵。然道远不易致。

译文

英石产自英州的倒生岩下，因为英石从岩石上锯下，所以呈底部平齐的立柱形，高的有三尺长，小的仅一寸多长，小屋前，用英石堆砌一个小山，最为清雅。然而，产地太远，难以前往采取。

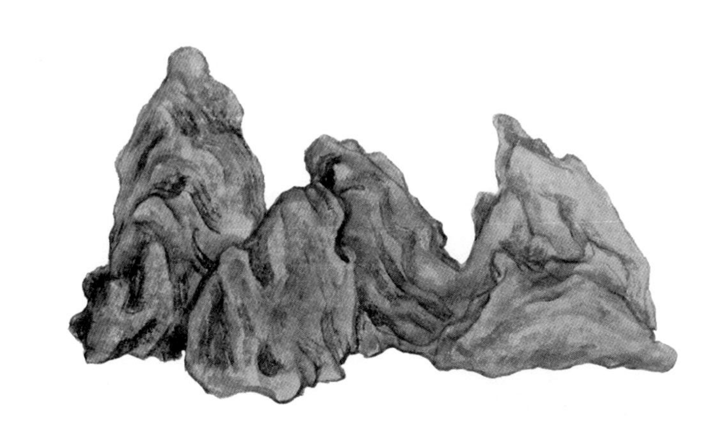

太湖石

原文

石在水中者为贵，岁久为波涛冲击，皆成空石，面面玲珑。在山上者名『旱石』，枯而不润，赝作弹窝，若历年岁久，斧痕已尽，亦为雅观。吴中所尚假山，皆用此石。又有小石久沉湖中，渔人网得之，与灵璧、英石亦颇相类，第声不清响。

译文

水中的太湖石最珍贵，经波涛常年冲击侵蚀，形成许多洞孔，敲击能发出清脆声响。山上的，叫『旱石』，干燥不润，人工开凿一些洞孔，待年久凿痕消失，也还雅观。苏州一带的人喜欢的假山，都是用太湖石构筑的。还有渔夫捕鱼时捞起来的湖底小石，与灵璧石、英石也很相像，不过，声音不清脆。

尧峰石

原文

近时始出，苔藓丛生，古朴可爱。以未经采凿，山中甚多，但不玲珑耳。然正以不玲珑，故佳。

译文

尧峰石是近年才发现的，石头上苔藓丛生，古朴可爱。因为以前未经开采，山中很多，不过都不精致。但是，正因为不精致，才好。

土玛瑙

原文

出山东兖州府沂州，花纹如玛瑙，红多而细润者佳。有红丝石，白地上有赤红纹。有竹叶玛瑙，花斑与竹叶相类，故名。此俱可锯板，嵌几榻屏风之类，非贵品也。石子五色，或大如拳，或小如豆，中有禽鱼、鸟兽、人物、方胜、回纹之形，置青绿小盆，或宣窑白盆内，斑然可玩。其价甚贵，亦不易得，然斋中不可多置。近见人家环列数盆，竟如买肆。新都人有名『醉石斋』者，闻其藏石甚富且奇。其地溪涧中，另有纯红、纯绿者，亦可爱玩。

译文

土玛瑙产自山东兖州府沂州，花纹如玛瑙，红色为主，质地细密润泽的为佳品。有一种叫红丝石，白底上现红色丝纹。还有一种叫竹叶玛瑙，花纹与竹叶相似而得名。这两种都可锯成板材，用于镶嵌几案、卧榻、屏风之类器物，不是名贵品种。有一种五彩的玛瑙石，有的大如拳头，有的小如豆粒，石头上有禽鱼、鸟兽、人物、风景以及回纹的图形，置于青绿小盆或宣窑白盆内，色彩斑斓，十分可爱，只是价

土玛瑙

值昂贵，不易求得，此石也不宜在家里过多陈设。最近看见有人在家中陈列数盆，完全像商铺一般。北京有一个叫『醉石斋』的地方，听说收藏的玩石丰富而且品种新奇珍贵。沂州的山涧溪流中，还有一种纯红或纯绿色的玛瑙石，也可爱好玩。

禽鱼

原文

语鸟拂阁以低飞，游鱼排荇而径度，幽人会心，辄令竟日忘倦。顾声音颜色，饮啄态度，远而巢居穴处，眠沙泳浦，戏广浮深，近而穿屋贺厦，知岁司晨，啼春噪晚者，品类不可胜纪。丹林绿水，岂令凡俗之品，阑入其中。故必疏其雅洁，可供清玩者数种，令童子爱养饵饲，得其性情，庶几驯鸟雀、狎凫鱼，亦山林之经济也。志《禽鱼第四》。

译文

鸟儿掠檐低飞，鱼儿排萍畅游，雅士舒心，流连忘返，毫无倦意。品赏禽鱼声音颜色、动态神奇，远的，栖息巢穴的飞禽，浮沉嬉戏的游鱼；近的，阳雀、飞燕、喜鹊、雄鸡、乌鸦，种类繁多，不可胜数。青山绿水的园林，岂容凡品俗物进入其中。因此，必须置备各种可供观赏的雅洁品种，使童子爱怜饲养，调养心性。驯养鸟雀，戏弄游鱼，是隐居山林的必备。记《禽鱼第四》。

禽鱼

原文

华亭鹤窠村所出，其体高俊，绿足龟文，最为可爱。江陵鹤津、维扬俱有之。相鹤但取标格奇俊，唳声清亮，颈欲细而长，足欲瘦而节，身欲人立，背欲直削。蓄之者当筑广台，或高冈土垅之上，居以茅庵，邻以池沼，饲以鱼谷。欲教以舞，俟其饥，置食于空野，使童子拊掌顿足以诱之。习之既熟，一闻拊掌，即便起舞，谓之『食化』。空林别墅，白石青松，惟此君最宜。其余羽族，俱未入品。

译文

华亭鹤为窠村所出，体态高峻，绿足龟纹，特别可爱。江陵、扬州也产鹤。选鹤要挑选姿态俊秀、叫声清脆、颈项细长、足瘦有力、身形挺拔、背部平直的。养鹤，应筑宽阔的平台，或者高冈土坡上，并搭棚为窝；要临近水沼池塘，以鱼虫谷物饲养。要教鹤舞蹈，等到它饥饿时，在空阔之地放上食物，让童子拍手顿足逗引，天长日久，习以为常之后，有人拍手，就会闻声起舞，这叫作『食物驯化』。旷野山居，石岩松林，只有鹤最适宜，其余飞禽都不够格。

鹤

鸂鶒

原文

鸂鶒能勅水，故水族不能害。蓄之者，宜于广池巨浸，十百为群，翠毛朱喙，璨然水中。他如乌喙白鸭，亦可蓄一二，以代鹅群，曲栏垂柳之下，游泳可玩。

译文

鸂鶒能敕水，所以水里的动物不能伤害它。适宜侍养在宽广的水域，结队成群，绿毛红嘴，水中一片灿烂。其他如黑嘴白鸭，也可养一二只，代替鹅群，曲栏垂柳之下，游水嬉戏，也赏心悦目。

鸂鶒

鹦鹉

原文

鹦鹉能言，然须教以小诗及韵语，不可令闻市井鄙俚之谈，聒然盈耳。铜架、食缸，俱须精巧。然此鸟及锦鸡、孔雀、倒挂、吐绶诸种，皆断为闺阁中物，非幽人所需也。

译文

鹦鹉能学人说话，但要用小诗及对偶句子，不可让它学鄙俗的市井俚语，嘈杂刺耳。鸟架、食缸都要精巧。然而，鹦鹉及锦鸡、孔雀、倒挂、吐绶等，绝不能成为闺阁中玩物，绝非隐者雅士所需。

鹦鹉

百舌 画眉 鸜鹆

原文

饲养驯熟，绵蛮软语，百种杂出，俱极可听，然亦非幽斋所宜。或于曲廊之下，雕笼画槛，点缀景色则可，吴中最尚此鸟。余谓有禽癖者，当觅茂林高树，听其自然弄声，尤觉可爱。更有小鸟名『黄头』，好斗，形既不雅，尤属无谓。

译文

百舌、画眉、鸜鹆哥经驯养熟练后，能发出各种叫声，非常悦耳，但也不适宜幽静居室。曲径回廊、雕梁画栋之下，点缀景色尚可，吴地之人最爱此鸟。我认为，有养鸟嗜好的人，应去野外树林，欣赏鸟雀自然鸣唱，那才可爱有趣。还有一种名叫『黄头』的小鸟，生性好斗，形态不雅，更加无趣。

百舌 画眉 鸜鹆

朱鱼

原文

朱鱼，独盛吴中，以色如辰州朱砂，故名。此种最宜盆蓄，有红而带黄色者，仅可点缀陂池。

译文

朱鱼盛行于苏州一带，因其色如朱砂而得名，朱鱼最适合盆中饲养，有一种红中带黄的，只能点缀蓄水池。

朱鱼

书画

原文

金生于山，珠产于渊，取之不穷，犹为天下所珍惜。况书画在宇宙，岁月既久，名人艺士，不能复生，可不珍秘宝爱？一入俗子之手，动见劳辱，卷舒失所，操揉燥裂，真书画之厄也。故有收藏而未能识鉴，识鉴而不善阅玩，阅玩而不能装褫，装褫而不能铨次，皆非能真蓄书画者。又蓄聚既多，妍媸混杂，甲乙次第，毫不可讹。若使真赝并陈，新旧错出，如入贾胡肆中，有何趣味？所藏必有晋、唐、宋、元名迹，乃称博古。若徒取近代纸墨，较量真伪，心无真赏，以耳为目，手执卷轴，口论贵贱，真恶道也。志《书画第五》。

译文

黄金产自山里，珍珠生在水中，取之不尽，仍然为天下珍惜，何况书画存世已久，名人艺士，不能复生，能不珍藏爱护吗？一旦落入俗人之手，轻则随意乱翻，卷页不整；重则搓揉破裂，这是书画的灾难！因此，收藏而不能鉴别，能鉴别而不善赏玩，能赏玩而不能装裱，能装裱而不能依次编选，都不算真正的收藏家。收藏多了，难免优劣混杂，因此各个等次的作品，应区分级别，不能有一点差错。如使真赝并列，新旧错乱，如同胡人开的书画铺子，有何趣味？收藏品中，一定要有晋、唐、宋、元时期的真迹名品，才称得上博古。如果只是搜集一些近代作品，一心考量真伪，无心细细品味欣赏，以耳代目，手执书画，空谈贵贱，这是收藏中的恶习。记《书画第五》。

书画

原文

观古法书，当澄心定虑，先观用笔结体，精神照应。次观人为天巧，自然强作。次考古今跋尾，相传来历。次辨收藏印识、纸色、绢素。或得结构而不得锋芒者，模本也。得笔意而不得位置者，临本也。笔势不联属，字形如算子者，集书也。形迹虽存，而真彩神气索然者，双钩也。又古人用墨，无论燥、润、肥、瘦，俱透入纸素，后人伪作，墨浮而易辨。

译文

研习古代书法范本，应当心静神定，先看笔法结构，意气呼应，次看人为或天成，自然或做作，再次则考察古今题跋，相传来历，辨识收藏印章题字、纸张、绢素。仅有间架结构而不见笔法锋芒，这是摹本；虽得笔意而位置不当，这是临本；笔势不贯通，字如呆板的算珠，这是集书；徒有形似而无精神气韵，这是双钩。此外，古人用墨，无论润、燥、肥、瘦，都浸透纸张、绢素，后人伪作，笔墨漂浮，容易辨别。

论书

原文

山水第一，竹、树、兰、石次之，人物、鸟兽、楼殿、屋木，小者次之，大者又次之。人物顾盼语言，花果迎风带露。鸟兽虫鱼，精神逼真，山水林泉，清闲幽旷。屋庐深邃，桥彴往来，石老而润，水淡而明。山势崔嵬，泉流洒落，云烟出没，野径迂回。松偃龙蛇，竹藏风雨。山脚入水澄清，水源来历分晓。有此数端，虽不知名，定是妙手。若人物如尸如塑，花果类粉捏雕刻，虫鱼鸟兽，但取皮毛。山水林泉，布置迫塞。楼殿模糊错杂，桥彴强作断形，径无夷险，路无出入。石止一面，树少四枝。或高大不称，或远近不分。或浓淡失宜，点染无法。或山脚无水面，水源无来历。虽有名款，定是俗笔，为后人填写。至于临摹赝手，落墨设色，自然不古，不难辨也。

译文

山水，列画中第一，竹、树、兰、石稍次，人物、鸟兽、楼殿、屋木画中，小幅的次之，大幅的又次之。人物形象生动；花、果随风扶摇，含露滴珠；鸟兽虫鱼，栩栩如生；山水林泉，清幽空旷；屋庐深远、小桥横渡；山石古老润泽，流水清淡明朗；山势险峻，泉流洒落，云烟出没，野径迂回曲折，松树枝干屈曲，竹子藏于风雨之中，山脚入水澄清，水源来历分明。凡是具备以上特点的画作，虽不著名，定是高手所为。如果人物如死尸、塑像，花果如面塑、雕刻，虫鱼鸟兽仅有外形而不见神气，山水林泉布局壅塞；

论画

楼殿模糊错杂，桥梁故作断形；径无曲折险峻，路无出入踪迹；山石扁平单调，树木秃枝少叶；或者高大不称，远近不分，或者浓淡失宜，点染无法；或者山脚无水面，水流无来源，虽有名人题款，也是平庸之作，后经人添加而成。至于专事临摹名家的赝手，落墨设色，自然不古，不难辨识。

粉本

原文

古人画稿，谓之『粉本』，前辈多宝蓄之。盖其草草不经意处，有自然之妙。宣和、绍兴所藏粉本，多有神妙者。

译文

古人的画稿，称为『粉本』，前人都爱珍藏，因为随意勾画的草稿，往往蕴含自然的神韵，宣和、绍兴年间的粉本，有很多神妙之作。

粉本

装潢

原文

装潢书画，秋为上时，春为中时，夏为下时，暑湿及冱寒俱不可装裱。勿以熟纸，背必皱起，宜用白滑漫薄大幅生纸。纸缝先避人面及接处，若缝缝相接，则卷舒缓急有损，必令参差其缝，则气力均平，太硬则强急，太薄则失力。绢素彩色重者，不可捣理。古画有积年尘埃，用皂荚清水数宿，托于大平案扦去，画复鲜明，色亦不落。补缀之法，以油纸衬之，直其边际，密其隟缝，正其经纬，就其形制，拾其遗脱，厚薄均调，润洁平稳。又凡书画法帖，不脱落，不宜数装背，一装背，则一损精神。古纸厚者，必不可揭薄。

译文

装裱书画，秋季最佳，春季稍次，夏季更次，闷热潮湿和寒冷干燥的时节都不能装裱。熟纸装裱，必然起皱，不可用，宜用光滑细薄的大幅生纸。装裱时，衬纸的接缝应避开人物面部和画纸的接头，画与衬的接缝一定要错开，如重叠一起，容易在翻卷舒展中破损。装裱时，用力要均匀适度，太重容易损伤，太轻则粘贴不实；色彩浓重的绢素，不能捣理。积有多年尘埃的古画，用皂角清水浸泡几天，然后摊在裱台上轻轻剔除积垢，画就恢复鲜明原貌，却不褪色。修补破损的方法是，将画放在油纸上，修齐破损的边口，接口严丝合缝，端正方位，保持原来规格，填补缺损内容，调整厚薄，使其光洁平整。没有脱落的书画，不要重新装裱，每裱糊一次，就受损一次。原来纸张厚的，一定不能揭层。

装潢

原文

以杉、杪木为匣，匣内切勿油漆糊纸，恐惹霉湿。四五月，先将画幅幅展看，微见日色，收起入匣，去地丈余，庶免霉白。平时张挂，须三五日一易，则不厌观，不惹尘湿。收起时，先拂去两面尘垢，则质地不损。

译文

装画的匣子用杉木、杪椤木做，匣子里面切勿油漆、糊纸，以防生霉。四五月间，将画取出，一一展开，微微晾晒一下，即收入匣内，搁置在一丈以上高处，可免生白霉。平时张挂，应三五天更换一次，不至厌烦腻味，沾染灰尘湿气。收起时，拂去两面的尘垢，就不会损伤画卷。

藏画

八 榻

几榻

原文

古人制几榻，虽长短广狭不齐，置之斋室，必古雅可爱，又坐卧依凭，无不便适。燕衎之暇，以之展经史，阅书画，陈鼎彝，罗肴核，施枕簟，何施不可。今人制作，徒取雕绘文饰，以悦俗眼，而古制荡然，令人慨叹实深。志《几榻第六》。

译文

古人制作几、榻，长短、宽窄不一，但安放于居室，都追求古雅美观，坐卧倚靠，都很方便、舒适。茶余饭后，在此阅览古籍，观赏书画，陈列文物，摆设菜肴果蔬，躺卧歇息，都可以。现今制作的，只求雕绘装饰，以取悦世俗时尚，古时形制荡然无存，实在令人叹息。记《几榻第六》。

几榻

几

原文

以怪树天生屈曲，若环若带之半者为之，横生三足，出自天然。摩弄滑泽，置之榻上或蒲团，可倚手顿颡。又见图画中有古人架足而卧者，制亦奇古。

译文

用天生弯曲圆弧状的怪树做成几的脚，自然古雅，打磨光滑后，放置在榻或蒲团上，可用来搁手靠头。还看见图画中有古人在躺卧时用来搁脚，形制也奇特古雅。

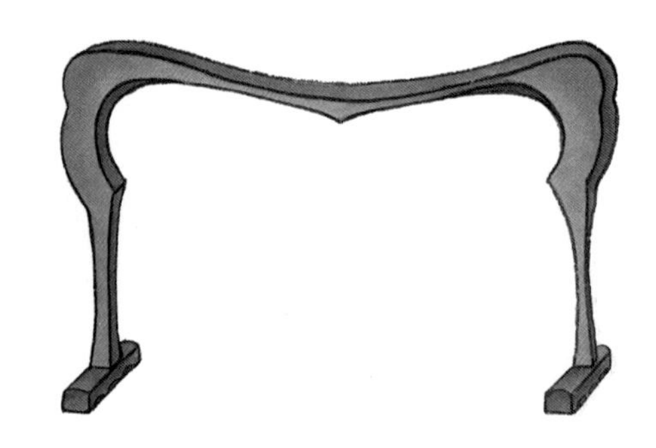

禅椅

原文

以天台藤为之，或得古树根，如虬龙诘曲臃肿，槎牙四出，可挂瓢笠及数珠、瓶钵等器。更须莹滑如玉，不露斧斤者为佳。近见有以五色芝粘其上者，颇为添足。

译文

禅椅用天台山野藤制作，或者用弯曲粗大的老树根制作，枝蔓横生，可挂瓢笠、佛珠、瓶钵等物，光滑如玉而无刀斧痕迹的为佳品。近来发现有用五色芝粘贴装饰的，简直是画蛇添足。

书桌

原文

中心取阔大，四周镶边，阔仅半寸许，足稍矮而细，则其制自古。凡狭长混角诸俗式，俱不可用，漆者尤俗。

译文

书桌桌面要宽大，四周的镶边只需半寸左右，桌腿稍矮而细，如此规格，自然古朴。桌面狭长而圆角等样式都不可用，上了漆的尤其庸俗。

壁桌

原文

长短不拘，但不可过阔，飞云、起角、螳螂足诸式，俱可供佛，或用大理及祁阳石镶者，出旧制，亦可。

译文

壁桌长短不拘，只是不能过宽。飞云、起角、螳螂腿等样式都可以，或者用大理石、祁阳石镶嵌装饰的旧式壁桌也可以。

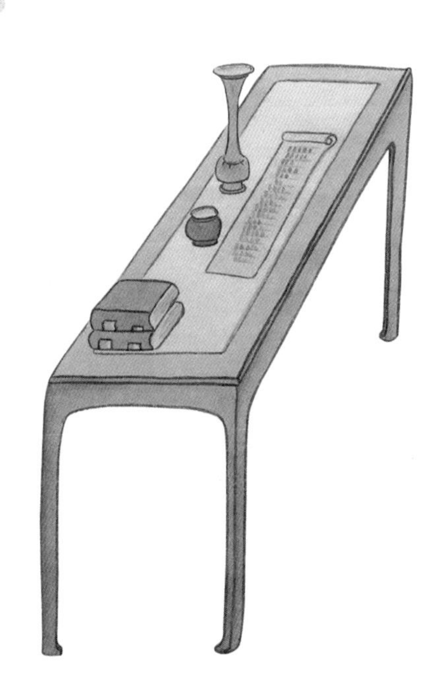

椅

原文

椅之制最多，曾见元螺钿椅，大可容二人，其制最古。乌木镶大理石者，最称贵重，然亦须照古式为之。总之，宜矮不宜高，宜阔不宜狭，其折叠单靠、吴江竹椅、专诸禅椅诸俗式，断不可用。踏足处，须以竹镶之，庶历久不坏。

译文

椅子的规格最多，曾见元代的螺钿椅，宽大可坐两人，这种式样最古；镶嵌大理石的乌木椅最珍贵，但也要照古式制作。总之，椅子宜矮不宜高，宜宽不宜窄，诸如单靠背折叠椅、吴江竹椅、专诸禅椅等样式，绝不能用。椅子的踏脚处镶上竹子，经久不坏。

杌

原文

杌有二式，方者四面平等，长者亦可容二人并坐，圆杌须大，四足彭出。古亦有螺钿朱黑漆者。竹杌及绦环诸俗式，不可用。

译文

杌子有两种，一是四方形和长条形，长条形的可坐两人；圆形的宜大一些，四脚向外倾斜。古式也有螺钿朱黑漆的，但不能用竹子做的、绳子编的之类的杌子。

凳

原文

凳亦用狭边镶者为雅。以川柏为心，以乌木镶之，最古。不则竟用杂木，黑漆者，亦可用。

译文

凳子也是镶有窄边的更雅致，中间用柏木，用乌木镶边的最古雅。不然就全用杂木漆成黑色，也可以。

原文

书架有大小二式，大者高七尺余，阔倍之。上设十二格，每格仅可容书十册，以便检取，下格不可置书，以近地卑湿故也。足亦当稍高。小者可置几上，二格平头。方木、竹架及朱黑漆者，俱不堪用。

译文

书架有大小两种，大的高七尺左右，宽为高的两倍，分为十二格，每格只能放十册书，便于取放。下面几格不能放书，因为靠近地面，容易受潮。书架的脚要高一些。小的书架可放在几凳上。二格平头。方木、竹架及朱黑漆的，都不能用。

橱

原文

藏书橱须可容万卷，愈阔愈古，惟深仅可容一册。即阔至丈余，门必用二扇，不可用四及六。小橱以有座者为雅，四足者差俗，即用足，亦必高尺余，下用橱殿，仅宜二尺，不则两橱叠置矣。橱殿以空如一架者为雅。小橱有方二尺余者，以置古铜玉小器为宜。大者用杉木为之，可辟蠹，小者以湘妃竹及豆瓣楠、赤水，椤木为古。黑漆断纹者为甲品，杂木亦俱可用，但式贵去俗耳。铰钉忌用白铜，以紫铜照旧式，两头尖如梭子，不用钉钉者为佳。竹橱及小木直楞，一则市肆中物，一则药室中物，俱不可用。小者有内府填漆，有日本所制，皆奇品也。经橱用朱漆，式稍方，以经册多长耳。

译文

藏书的橱柜需容纳万卷书籍，越大越好，只是不能过深，以一册书的宽度为限；书橱宽可达一丈多，柜门只能二扇，不能四扇或六扇。小橱柜以设底座为雅，四只脚的，稍俗，即使要作成带脚的，脚必须有一尺高；下部的橱殿只宜二尺，不然就做成两个叠放在一起。橱殿以一架高最好。小橱柜大小一般为两尺见方，适合陈列铜器、玉器等小古玩。大的，用杉木做，可避免生虫；小的，用斑竹及豆瓣楠、赤水木、椤木做，更雅。黑漆硬木的为佳品，杂木也可用，但样式不能俗气。铰钉忌用白铜，要用紫铜做成梭子形的旧样式，不用钉钉的最好。竹橱及小木架，一种是商铺所用，一种是药铺所用，都不能用作书橱。小橱有用内府填漆的，有日本制造的，都是珍品。收藏佛经的书橱，要漆红漆，要做得深厚一点，因为经书本子比较长。

橱

床

原文

以宋、元断纹小漆床为第一，次则内府所制独眠床，又次则小木出高手匠作者，亦自可用。永嘉、粤东有折叠者，舟中携置亦便。若竹床及飘檐、拔步、彩漆、卍字、回纹等式，俱俗。近有以柏木琢细如竹者，甚精，宜闺阁及小斋中。

译文

床是宋元时期的小漆床最好，其次是内府制造的单人床，再其次是手艺高超的木匠做的。永嘉、粤东两地的折叠床，用于舟船，收放都很方便；诸如竹床及飘檐、拔步、彩漆、『卍』字、回纹等样式都很俗气。近年有将柏木雕琢成竹子形状的床，非常精美，适合用在闺阁及小居室。

床

箱

原文

倭箱，黑漆嵌金银片，大者盈尺，其铰钉锁钥，俱奇巧绝伦，以置古玉重器，或晋唐小卷，最宜。又有一种差大，式亦古雅，作方胜、缨络等花者，其轻如纸，亦可置卷轴、香药、杂玩，斋中宜多畜以备用。又有一种古断纹者，上圆下方，乃古人经箱，以置佛坐间，亦不俗。

译文

镶有金银片的黑漆日本式箱子，大小一尺多，铰钉锁钥都极其小巧精美，适合收藏古玉等贵重饰物或晋唐时的小卷书画；有一种稍大一点的，式样也很古雅，表面绘有方胜或各色首饰等图样，轻巧如纸，也可放置书画、香药及各种玩物，应在居室中多准备几个，随时可用。还有一种古漆的，上圆下方，是古时的经箱，放在佛座上，也不俗。

箱

屏

原文

屏风之制最古。以大理石镶下座精细者为贵，次则祁阳石，又次则花蕊石。不得旧者，亦须仿旧式为之。若纸糊及围屏、木屏，俱不入品。

译文

屏风式样，是大理石镶嵌下座，做工精细的最古雅；其次是祁阳石的；再其次是花蕊石的。如没有古旧的也须仿照古旧样式制作，诸如纸糊的、木质的及收折的屏风，都不入品。

屏

器具

器具

原文

古人制器尚用，不惜所费，故制作极备，非若后人苟且，上至钟、鼎、刀、剑、盘、匜之属，下至隃糜、侧理，皆以精良为乐，匪徒铭金石、尚款识而已。今人见闻不广，又习见时世所尚，遂致雅俗莫辨。更有专事绚丽，目不识古，轩窗几案，毫无韵物，而侈言陈设，未之敢轻许也。志《器具第七》。

译文

古代器具讲求合用，不惜工本，因此制作极其精致，不像后人这样马虎粗糙。从钟、鼎、刀、剑、盘、匜之类，到笔墨、纸张，古人都以制作精良为好，不只是看重金石铭刻、书画题记。今人见闻不广，又一味趋附时尚，以致不能分辨雅俗。更有人只求华丽，不求古雅，居室器具，无一风雅，所谓陈设，不敢认同。记《器具第七》。

器具

香炉

原文

三代、秦、汉鼎彝，及官、哥、定窑、龙泉、宣窑，皆以备赏鉴，非日用所宜。惟宣铜彝炉稍大者，最为适用，宋姜铸亦可，惟不可用神炉、太乙，及鎏金、白铜、双鱼、象鬲之类。尤忌者，云间、潘铜、胡铜所铸八吉祥、倭景、百钉诸俗式，及新制建窑、五色花窑等炉。又古青绿博山，亦可间用。木鼎可置山中，石鼎惟以供佛，余俱不入品。古人鼎彝，俱有底盖，今人以木为之，乌木者最上，紫檀、花梨俱可，忌菱花、葵花诸俗式。炉顶以宋玉帽顶及角端、海兽诸样，随炉大小配之。玛瑙、水晶之属，旧者亦可用。

译文

夏、商、周、秦、汉时期的鼎彝，及官窑、哥窑、定窑、龙泉窑、宣窑制造的香炉，都是用来赏玩的，不适合日常使用。只有稍大的明代宣德铜炉最适用；宋代姜氏铸铜炉也可以，唯独不可用佛堂香炉、太乙香炉，以及镀金、白铜、双鱼、象形之类铜炉。尤其忌用松江、潘氏、胡氏铸造的吉祥八宝日本风景、百钉等式样铜炉，以及新产建窑瓷、五彩瓷香炉，另外青绿古铜博山炉也可以用。木香炉可置于山中，石香炉只可用于供佛，其余的都不入品。古代香炉都有底盖，现在都用木做成，乌木的最好，紫檀、花梨木也可以，但忌用饰有菱花、葵花等花样的。炉盖可做成玉石帽顶、角端、海兽类等形式，大小与香炉相配，旧式的玛瑙、水晶等也可用于炉盖。

香炉

香合

原文

宋剔合色如珊瑚者为上。古有一剑环、二花草、三人物之说。又有五色漆胎，刻法深浅，随妆露色，如红花绿叶，黄心黑石者次之。有倭盒三子、五子者。有倭撞金银片者。有果园厂大小二种，底盖各置一厂，花色不等，故以一合为贵。有内府填漆盒，俱可用。小者有定窑、饶窑蔗段、串铃二式，余不入品。尤忌描金及书金字。徽人剔漆并磁合，即宣、成、嘉、隆等窑，俱不可用。

译文

香合以宋代红色雕漆盒为上品，古时有一剑环、二花草、三人物的说法；其次是漆胎为五色，因雕刻深浅而显现不同颜色，形成红花绿叶、黄心黑石等花样。有日本三格、五格漆盒和金银撞色的样式。果园厂的香盒，底、盖分厂制作，花色不同，因此以底盖花色一致的为贵。还有内府填漆香盒，都可以用。小香盒有定窑产及饶窑产蔗段、串铃二种，其余的不入品级。尤其忌讳描金及写金字的；徽州雕漆以及宣、成、嘉、隆等窑瓷器的，都不能用。

香合

隔火

原文

炉中不可断火，即不焚香，使其长温，方有意趣，且灰燥易燃，谓之『活灰』。隔火，砂片第一，定片次之，玉片又次之，金银不可用。以火浣布如钱大者，银镶四围，供用尤妙。

译文

香炉不能断火，就是香不起明火，慢慢燃烧，这样才有意趣，香被烘干，容易燃烧，这称为『活火』。隔必首选砂锅碎片，其次是瓷器片，再其次是定窑玉石片，金银不可用。将铜钱大小的火浣布四周镶银边用作隔火香炉的盆火用具，使用起来尤其好。

筯瓶

原文

官、哥、定窑者虽佳，不宜日用。吴中近制，短颈细孔者，插筯下重不仆，铜者不入品。

译文

官窑、哥窑、定窑产的瓷筯瓶虽好，但不宜日用。吴中近年生产的短颈细孔筯瓶，瓶身重，不会倒，很好用。铜筯瓶不入品。

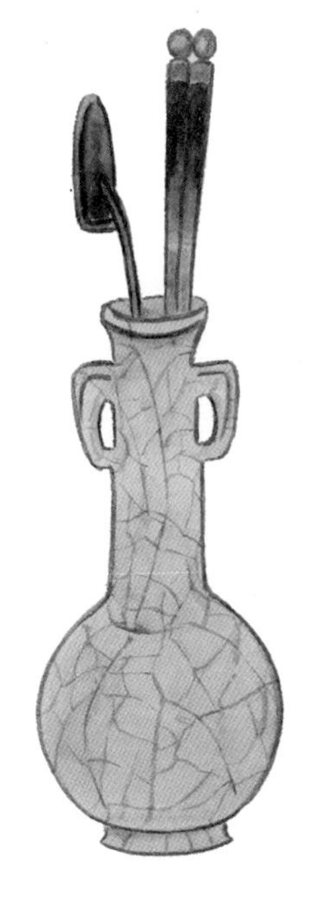

袖炉

原文

熏衣炙手，袖炉最不可少。以倭制漏空罩，盖漆鼓为上。新制轻重方圆二式，俱俗制也。

译文

烘衣暖手，袖炉不可缺少。袖炉以日本制造的镂空炉盖的鼓形袖炉为上品，新式的轻重方圆两种袖炉都很普通。

香筒

原文

旧者有李文甫所制，中雕花鸟竹石，略以古简为贵。若太涉脂粉，或雕镂故事人物，便称俗品，亦不必置怀袖间。

译文

旧式插香筒有李文甫制作的，筒面刻有花鸟、竹石等花样，还是古雅简洁的更好。如果脂粉气太重，或者雕刻上故事人物，就很俗气了，更不用放在怀袖中。

笔格

原文

笔格虽为古制，然既用研山，如灵璧、英石，峰峦起伏，不露斧凿者为之，此式可废。古玉有山形者，有旧玉子母猫，长六七寸，白玉为母，余取玉玷或纯黄、纯黑玳瑁之类为子者。古铜有鋈金双螭挽格，有十二峰为格，有单螭起伏为格。窑器有白定三山、五山，及卧花哇者，俱藏以供玩，不必置几研间。俗子有以老树根枝，蟠曲万状，或为龙形，爪牙俱备者，此俱最忌，不可用。

译文

笔格虽是古时用具，但如今已有灵璧石、英石做成的研山，峰峦起伏，古雅自然，固此笔格就可废弃不用了。古玉笔格有山形的，有子母猫的，长六七寸，用白玉做成母猫，有瑕疵的玉或者纯黄纯黑的玳瑁做成小猫；古铜笔格有鋈金双螭相挽为格，有单螭起伏为格的，有十二山峰为格的；瓷器笔格有定窑白瓷的三山峰、五山峰和躺卧娃娃，这些可作为玩物收藏，不必放在几案之上。有俗人将老树根盘曲成腾龙等各种形状做笔格，这是最要忌讳的，切不可用。

笔格

笔洗

原文

玉者，有钵盂洗、长方洗、玉环洗。古铜者，有古鎏金小洗，有青绿小盂，有小釜、小卮、匜，此五物原非笔洗，今用作洗最佳。陶者有官、哥葵花洗。磬口洗、四卷荷叶洗、卷口蔗段洗，龙泉有：双鱼洗、菊花洗、百折洗。定窑有三箍洗、梅花洗、方池洗。宣窑有鱼藻洗、葵瓣洗、磬口洗、鼓样洗。俱可用。忌绦环及青白相间诸式，又有中盏作洗，边盘作笔觇者，此不可用。

译文

玉石笔洗有钵盂洗、长方洗、玉环洗。古铜笔洗有古鎏金小洗，有青铜小盂，有小盏、小卮、小匜，这几种原本不是笔洗，现在用作笔洗最好。陶瓷笔洗有官窑、哥窑产葵花洗、磬口洗、四卷荷叶洗、卷口蔗段洗。龙泉窑产有双鱼洗、菊花洗、百折洗。定窑产有三箍洗、梅花洗、方池洗。宣窑产有鱼藻洗、葵瓣洗、磬口洗、鼓形洗。这些都可用。忌用涤环洗及青白相间等式样，另外还有盅盏做笔洗，边盘作笔觇的，这些都不可用。

笔洗

笔觇

原文

定窑、龙泉小浅碟俱佳。水晶、琉璃诸式，俱不雅。有玉碾片叶为之者，尤俗。

译文

定窑、龙泉窑的小浅碟笔觇都很好；水晶、琉璃的笔觇都不雅致；有一种玉碾片叶做的笔觇，尤其庸俗。

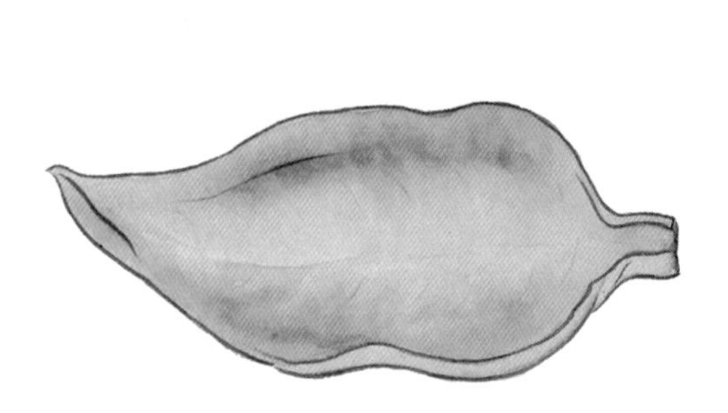

糊斗

原文

有古铜有盖小提卣，大如拳，上有提梁索股者。有瓮肚如小酒杯式，乘方座者。有三箍长桶、下有三足。姜铸回文小方斗，俱可用。陶者，有定窑蒜蒲长罐，哥窑方斗如斛中置一梁者，然不如铜者，便于出洗。

译文

糨糊斗，古铜器的有拳头大小的有盖小提卣，上面有绳索形的提把；有肚身如小酒杯，下有方座的；有三箍长桶，下有三脚的及姜氏铸的回纹小方斗，这些都可用。陶瓷的有定窑蒜形长罐，哥窑有提把的方斗，但都不如铜器便于清洗。

水中丞

原文

铜性猛，贮水久则有毒，易脆笔，故必以陶者为佳。古铜入土岁久，与窑器同，惟宣铜则断不可用。玉者，有元口瓮，腹大仅如拳，古人不知何用？今以盛水，最佳。古铜者，有小尊罍、小甑之属，俱可用。陶者，有官、哥瓮肚小口钵、盂诸式。近有陆子冈所制兽面锦地，与古尊罍同者，虽佳器，然不入品。

译文

因为铜性猛烈，贮水过久就有毒，容易坏笔，所以水盂用陶瓷的最好。出土的古铜器埋藏土里多年，其性与窑器相同了，也可以用，但明代的宣铜器绝不能用。有一种玉石圆口瓮，仅有拳头般大小，不知古人做什么用？现在用来装水正好。古铜器中的小酒杯、小水杯之类都可用。陶瓷的有官窑、哥窑产大肚小口钵盂等式样的。近代有陆子冈制作的玉器，虽然做工极好，可与古酒器比美，但不入品。

水中丞

水注

原文

古铜玉，俱有辟邪、蟾蜍、天鸡、天鹿、半身鸬鹚杓、鏒金雁壶诸式滴子，一合者为佳。有铜铸眠牛，以牧童骑牛作注管者，最俗。大抵铸为人形，即非雅器。又有犀牛、天禄、龟、龙、天马口衔小盂者，皆古人注油点灯，非水滴也。陶者有官、哥、白定、方圆立瓜、卧瓜、双桃、莲房、蒂、叶、茄、壶诸式。宣窑有五采桃注、石榴、双瓜、双鸳诸式，俱不如铜者为雅。

译文

古铜和玉制的水注有辟邪、蟾蜍、天鸡、天鹿、半身鸬鹚杓、金大雁壶等式样的滴子，有盂有盖成套的，最好。还有一种铜铸的牧童骑牛做注管的，最俗。大凡做成人形的，都不雅观。还有犀牛、天禄、龟、龙、天马口衔小盂等式样，这些是古人滴注灯油的器具，而不是水注。陶瓷水注有官窑、哥窑、定窑产竖立着的方圆瓜、横卧着的瓜、双桃、莲蓬、蒂、茄子、壶等样式，宣窑产有五彩桃、石榴、双瓜、双鸳鸯等样式，都不如铜器的雅致。

水注

镇纸

原文

玉者，有古玉兔、玉牛、玉马、玉鹿、玉羊、玉蟾蜍、蹲虎、辟邪、子母螭诸式，最古雅。铜者，有青绿虾蟆、蹲虎、蹲螭、眠犬、鎏金辟邪、卧马、龟、龙，亦可用。其玛瑙、水晶，官、哥、定窑，俱非雅器。宣铜马、牛、猫、犬、狻猊之属，亦有绝佳者。

译文

镇纸是玉石的有古玉兔、玉牛、玉马、玉鹿、玉羊、玉蟾蜍、蹲虎、辟邪、子母螭等式样，最古雅。铜器的有青铜蛤蟆、蹲虎、蹲螭、眠犬、鎏金辟邪、卧马、龟、龙，也可以。玛瑙、水晶，官窑、哥窑、定窑瓷器的，都不雅。宣铜的马、牛、猫、犬、狮之类，也有极好的。

镇纸

秘阁

原文

以长样古玉璏为之，最雅。不则倭人所造黑漆秘阁如古玉圭者，质轻如纸，最妙。紫檀雕花，及竹雕花巧人物者，俱不可用。

译文

用长条古玉做成的秘阁最古雅。另外日本所造黑漆秘阁，轻薄如纸，也很美观。紫檀雕花及竹子雕刻花卉人物的，均不可用。

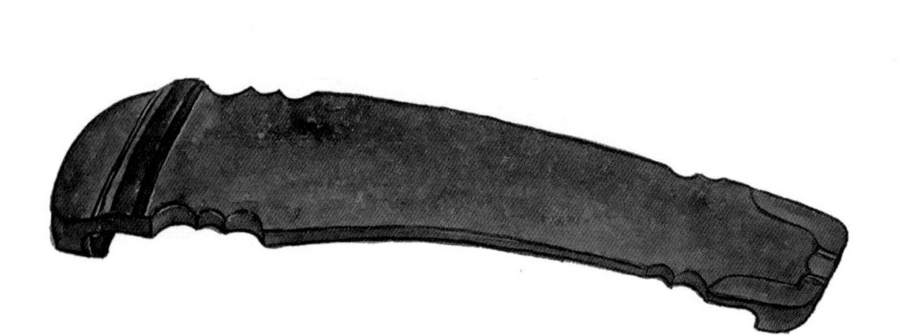

贝光

原文

古以贝螺为之，今得水晶、玛瑙。古玉物中有可代者。

译文

贝光在古代是用贝壳、螺壳做成，现在多是水晶、玛瑙的。古玉器中有可代作贝光使用的。

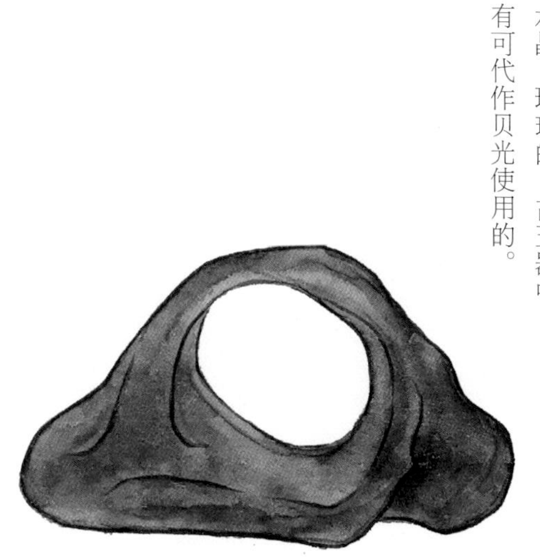

裁刀

原文

有古刀笔，青绿裹身，上尖下圆，长仅尺许，古人杀青为书，故用此物，今仅可供玩，非利用也。日本所制有绝小者，锋甚利，刀靶俱用鸂鶒木，取其不染肥腻，最佳。滇中鋈金银者亦可用。溧阳、昆山二种，俱入恶道，而陆小拙为尤甚矣。

译文

古代刀笔，通身青绿，上尖下圆，长一尺多，古人在竹简上写字前要用它先刮去表面的青皮，现在已经无用，仅供赏玩。有一种日本制造的小裁刀极好，刀刃非常锋利，刀把都用红豆木做成，不沾油腻。云南鋈金银的裁刀也可用。溧阳、昆山两地产的，都落入俗套，而陆小拙所制刀具却特别精美。

书灯

原文

有古铜驼灯、羊灯、龟灯、诸葛灯，俱可供玩，而不适用。有青绿铜荷一片，檠架花朵于上，古人取金莲之意，今用以为灯，最雅。定窑三台、宣窑二台者，俱不堪用。锡者取旧制古朴矮小者为佳。

译文

书灯有古铜驼灯、羊灯、龟灯、诸葛灯，这些灯都可供赏玩，但不适用。有一种青绿铜古灯台，形状如在一片荷叶上竖起一枝荷花，古人取金莲之意，现在用来做灯，非常古雅。定窑三台、宣窑二台，都不能使用。按照古旧制，用洁白光滑的麻布做成，其形状以古朴矮小为佳。

原文

秦陀、黑漆古、光背质厚无文者为上，水银古、花背者次之。有如钱小镜，背满青绿，嵌金银五岳图者，可供携具。菱角、八角、有柄方镜，俗不可用。轩辕镜，其形如球，卧榻前悬挂，取以辟邪，然非旧式。

译文

镜子，以秦代图形古镜、黑漆色古铜镜，厚实而无纹饰的为上品，水银色古铜有文饰的稍次。铜钱大的小镜，背面布满铜绿，镶嵌金银五岳图样的，便于携带。菱角形、八角形及有柄方镜，俗不可用。轩辕镜，形状如球，悬挂在卧榻前，用以辟邪，但也不属旧式。

钩

◎原文

古铜腰束绦钩，有金、银、碧填嵌者，有片金银者，有用兽为肚者，皆三代物也。也有羊头钩、螳螂捕蝉钩、鎏金者，皆秦汉物也。斋中多设，以备悬壁挂画，及拂尘、羽扇等用，最雅。自寸以至盈尺，皆可用。

◎译文

古代腰带铜钩，有用金、银、玉镶嵌的，有包金银片的，有做成兽形的，这都是夏商周三代的古物；有羊头钩、螳螂捕蝉钩、鎏金钩，都是秦汉时期的，居室多置备一些，用来悬挂书画及拂尘、羽扇等最好。小到一寸，大到一尺，都可用。

禅灯

原文

高丽者佳，有月灯，其光白莹如初月；有日灯，得火内照，一室皆红，小者尤可爱。高丽有俯仰莲、三足铜炉，原以置此，今不可得，别作小架架之，不可制如角灯之式。

译文

禅灯，以高丽的为佳，有月灯，灯光洁白晶莹如新月；有日灯，灯光映照，满屋通红，小型的，尤其可爱。高丽有俯仰莲、三足铜炉，原来此地均有，现已见不到。另做小架子搁置，不可做成角灯的样子。

原文

古人用以指挥向往，或防不测，故炼铁为之，非直美观而已。得旧铁如意，上有金银错，或隐或见，古色濛然者，最佳。至如天生树枝、竹鞭等制，皆废物也。

译文

如意，古人是用来指挥或防身的，不只是美观而已，所以用铁铸成。古旧的铁如意上面有金银错，若隐如现，古色朦胧，极其古雅。至于用天然的树枝竹根等制作的，都是废物。

如意

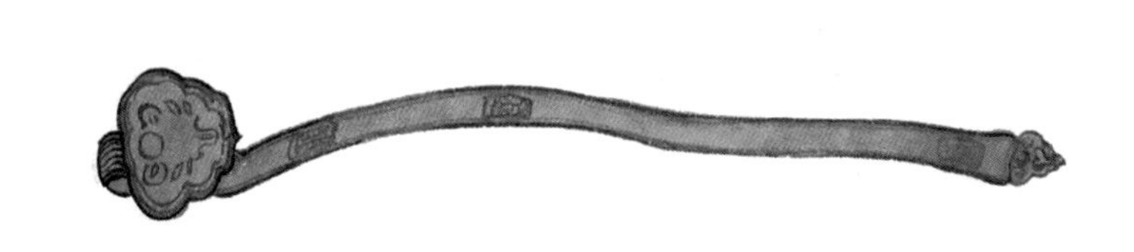

麈

原文

古人用以清谈，今若对客挥麈，便见之欲呕矣。然斋中悬挂壁上，以备一种。有旧玉柄者，其拂以白尾及青丝为之，雅。若天生竹鞭、万岁藤，虽玲珑透漏，俱不可用。

译文

古时，拂尘是用于人们清谈之时，现在如对着客人挥舞拂尘，就会令人作呕了。但是居室可置备一把悬挂在墙上，如收藏一把玉柄的白或青色的拂尘，就更为古雅。那些天生竹根或野藤做的，虽然玲珑剔透，但不能用。

梳具

原文

以瘿木为之，或日本所制。其缠丝、竹丝、螺钿、雕漆、紫檀等，俱不可用。中置玳瑁梳、玉剔帚、玉缸、玉盒之类，即非秦汉间物，亦以稍旧者为佳；若使新俗诸式阑入，便非韵士所宜用矣。

译文

梳具要用瘿木做，或者是日本制品，其他如缠丝、竹丝、螺钿、雕漆、紫檀做的，都不可用。其中放置玳瑁梳、玉剔帚、玉缸、玉盒等梳具，不是秦汉时期的，也要稍微古旧一些的为好；如收入现时流行的，那不适合风雅人士使用。

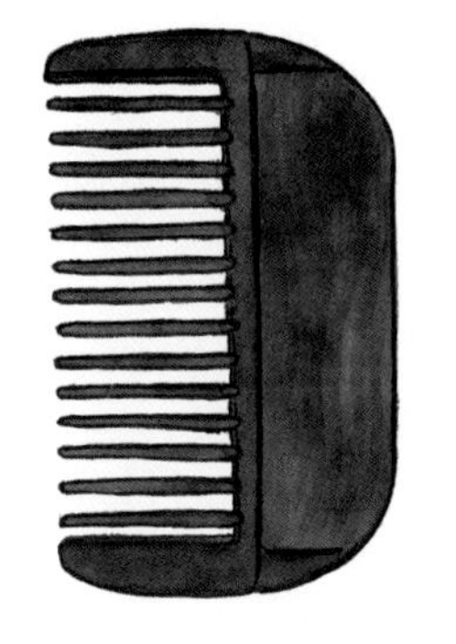

花瓶

原文

古铜入土年久，受土气深，以之养花，花色鲜明，不特古色可玩而已。铜器可插花者，曰尊，曰罍，曰觚，曰壶，随花大小用之。磁器用官、哥、定窑古胆瓶、一枝瓶、小蓍草瓶、纸槌瓶，余如暗花、青花、茄袋、葫芦、细口、匾肚、瘦足、药坛，及新铸铜瓶，建窑等瓶，俱不入清供。尤不可用者，鹅颈壁瓶也。古铜汉方瓶，龙泉、钧州瓶，有极大高二三尺者，以插古梅，最相称。瓶中俱用锡作替管盛水，可免破裂之患。大都瓶宁瘦，无过壮，宁大，无过小，高可一尺五寸，低不过一尺，乃佳。

译文

古铜花瓶不仅古色古香，可供赏玩，而且因其藏土多年，地气深厚，用来养花，则花色鲜亮。可用于插花的铜器有『尊』、『罍』、『觚』、『壶』，根据花的大小选用。瓷器的用官窑、哥窑、定窑古胆瓶、一枝瓶、小蓍草瓶，其余如暗花、青花、茄袋、葫芦、细口、扁肚、瘦足、药坛，及新铸铜瓶，建窑等瓷瓶，都不能用于清玩，尤其不能用鹅颈壁瓶。古铜汉代方瓶，龙泉窑、钧州窑中有一种二三尺大的瓶子，用来插梅花，最合适。瓶子中用锡制内胆盛水，可防止瓶子破裂。花瓶宁可瘦长，不可过于粗壮，宁大勿小，瓶高在一尺到一尺五寸最合适。

花瓶

扇扇坠

原文

羽扇最古，然得古团扇雕漆柄为之，乃佳。他如竹篾、纸糊、竹根、紫檀柄者，俱俗。又今之折叠扇，古称『聚头扇』，乃日本所进，彼国今尚有绝佳者。展之盈尺，合之仅两指许，所画多作仕女、乘车跨马、踏青拾翠之状，又以金银屑饰地面，及作星汉人物，粗有形似。其所染青绿奇甚，专以空青、海绿为之，真奇物也。川中蜀府制以进御，有金铰藤骨、面薄如轻绡者，最为贵重。内府别有彩画五毒、百鹤鹿、百福寿等式，差俗，然亦华绚可观。徽、杭亦有稍轻雅者。姑苏最重书画扇，其骨以白竹、棕竹、乌木、紫白檀、湘妃、眉绿等为之，间有用牙及玳瑁者，有圆头、直根、绦环、结子、板板花诸

译文

扇子中，羽毛扇最古雅，但雕漆扇柄的古团扇也很好；其他如竹篾扇、纸糊扇、竹根及紫檀做扇柄的都俗气。现在的折扇，古代叫作『聚头扇』，这是从日本引进的，日本现在还有精美的折扇，展开一尺之大，收拢仅两指宽；扇面所画多为仕女、乘车、骑马、踏青、拾翠等；还有画金银满地，以及天上神仙的，描画大致不差，所用青绿色颜料很是独特，专门用空青、海绿，确实是奇特之物。四川府进献朝廷的，用盘铆钉穿制扇骨，扇面轻薄如绡，最为贵重；内府所制彩画，五毒、百鹤鹿、百福寿等，稍嫌俗气，但也还绚丽耐看；徽州、杭州也有比较轻薄雅致的；苏州最喜欢书画扇，扇骨用白竹、棕竹、乌乌木、紫檀、白檀、斑竹、

扇 扇坠

式，素白金面，购求名笔图写，佳者价绝高。其匠作则有李昭、李赞、马勋、蒋三、柳玉台、沈少楼诸人，皆高手也。纸敝墨渝，不堪怀袖，别装卷册以供玩，相沿既久，习以成风，至称为姑苏人事，然实俗制，不如川扇适用耳。扇坠宜用伽南、沉香为之，或汉玉小块及琥珀眼掠，皆可。香串、缅茄之属，断不可用。

眉绿等做成，间或也有用象牙及玳瑁做的，有圆头、直根、海环、结子、板板花等样式，扇面为素白金面请名家题字作画，其中的佳品，价格极高。制扇工匠有李昭、李赞、马勋、蒋三、柳玉台、沈少楼等人，都是高手。由于纸墨品质低劣，容易损坏，不经使用，于是将扇面单独装订成册，供人玩赏，这在苏州相沿已久，习已成风，以致称为苏州的特色。其实这不过是一种低俗的形式，不如四川扇子适用。扇坠宜用伽南、沉香，或者汉玉小块及琥珀眼掠都可以，香珠、缅茄之类，绝不可用。

琴

原文

琴为古乐，虽不能操，亦须壁悬一床。以古琴历年既久，漆光退尽，纹如梅花，黯如乌木，弹之声不沉者为贵。琴轸，犀角、象牙者雅。以蚌珠为徽，不贵金玉。弦用白色柘丝，古人虽有『朱弦清越』等语，不如素质，有天然之妙。唐有雷文、张越，宋有施木舟，元有朱致远，国朝有惠祥、高腾、祝海鹤及樊氏、路氏，皆造琴高手也。挂琴不可近风露日色，琴囊须以旧锦为之。轸上不可用红绿流苏。抱琴勿横。夏月弹琴，但宜早晚，午则汗易污，且太燥，脆弦。

译文

琴是古乐器，即便不会弹奏，也须挂一张古琴在墙上，古琴胜在历年经久，漆光退尽，琴身斑驳，木色深暗，而琴声却不低沉的为贵。调音钮，以犀牛角、象牙的为雅。音位上镶嵌珍珠标志，不必金玉。琴弦用白色柘丝，古人虽有『朱弦清越』的说法，但终不如本色丝弦的声音天然美妙。造琴高手，唐代有雷文、张越，宋代有施木舟，元代有朱致远，明代有惠祥、高腾、祝海鹤及樊氏、路氏。悬挂古琴，不可靠近易遭日晒雨淋之处。琴袋应用古织锦缝制。琴下不可装饰红绿流苏。拿琴不要横抱。夏天弹琴只宜早晚，中午时，汗水多容易弄脏琴，而且气温高，琴弦易断。

琴

原文

研以端溪为上，出广东肇庆府，有新旧坑，上下岩之辨，石色深紫，衬手而润，叩之清远，有重晕、青绿、小鹳鸽眼者为贵。其次色赤，呵之乃润。更有纹慢而大者，乃『西坑石』，不甚贵也。又有天生石子，温润如玉，磨之无声，发墨而不坏笔，真希世之珍。有无眼而佳者，若白端、青绿端，非眼不辨。黑端出湖广辰、沅二州，亦有小眼，但石质粗燥，非端石也。更有一种出婺源歙山，龙尾溪，亦有新旧二坑，南唐时开，至北宋已取尽，故旧砚非宋者，皆此石。石有金银星，及罗纹、刷丝、眉子，青黑者尤贵。黎溪石出湖广

译文

砚台以端溪石的为上品，产自广东肇庆，称为『端砚』。端砚石有新旧坑、上下岩之分，石色深紫，手感细润，敲击响声清远，有重晕、青绿、小石眼的更为珍贵；其次是石色赤红，对砚呵气，也会显现水痕的；石纹粗大的是『西坑石』，不太珍贵。有一种天生石子，温润如玉，研磨无声，发墨而不坏笔，确实是稀世珍品。也有无眼的好观台，如白端、青绿端，因此，不能以是否有眼辨别优劣；黑端出自湖广辰州、沅州，虽有小眼，但石质粗糙干燥，其实它不是端石。还有一种出自婺源歙山、龙尾溪的，

研

原文

常德、辰州二界，石色淡青，内深紫，有金线及黄脉，俗所谓『紫袍金带』者。又洮溪砚，出陕西临洮府河中，石绿色，润如玉。衢砚，出衢州开化县，有极大者，色黑。熟铁砚，出青州。古瓦砚，出相州。澄泥砚，出虢州。砚之样制不一，宋时进御有玉台、凤池、玉环、玉堂诸式，今所称『贡砚』，世绝重之。以高七寸、阔四寸，下可容一拳者为贵，不知此特进奉一种，其制最俗。余所见宣和旧砚，有绝大者，有小八棱者，皆古雅浑朴。别有圆池、东坡瓢形、斧形、端明诸式，皆可用。葫芦样稍俗至如雕镂二十八宿、鸟、兽、龟、龙、天马，

译文

也有新旧两坑，南唐时开始开采，到北宋就已采尽，所以所谓旧砚并非宋代的，都是这里的石头。砚石有金银星、罗纹、刷丝、眉子，其中青黑色的尤其珍贵。黎溪石出自湖广常德、辰州二地，石色表面淡青，内中深紫，有金黄色的纹理，俗称『紫袍金带』。洮溪砚出自陕西临洮的河中，石为绿色，润泽如玉。衢砚出自衢州开化县，有极大的，为黑色。熟铁砚出自青州。瓦砚出自相州。澄泥砚出自虢州。砚台的式样规格不一，宋代进献皇宫的，有玉台、凤池、玉环、玉堂等样式，即现在所称『贡砚』，世间极其看重。其实贡砚以宽四尺，高七寸，下面能放进一只拳头的为贵，不照这个规矩要求而制作的所谓『贡砚』，一定很低俗。我见过的宣和古砚台，有很大的，有小八菱形的，

及以眼为七星形，剥落砚质，嵌古铜玉器于中，皆入恶道。砚须日涤，去其积墨败水，则墨光莹泽。惟砚池边斑驳墨迹，久浸不浮者，名曰『墨锈』，不可磨去。砚用则贮水，毕则干之。涤砚用莲房壳，去垢起滞，又不伤砚。大忌滚水磨墨，茶酒俱不可，尤不宜令顽童持洗。砚匣宜用紫、黑二漆，不可用五金，盖金能燥石。至如紫檀、乌木、及雕红、彩漆，俱俗不可用。

都很古雅朴拙；还有圆池、东坡瓢形、斧头形、端明殿等式样，都可以用。葫芦形的稍俗，诸如雕镂二十八星宿、鸟、兽、龟、龙、天马，以及剔下部分砚石，嵌入古铜玉器，做成七星形等做法，都走入旁门左道。砚台要每天清洗，去除积存墨汁，新磨墨汁才会发亮润泽，唯有砚池边久浸不散的斑驳墨迹，名叫『墨绣』，不可磨去。砚台用时才灌水，用完后就要把余汁倒掉。清洗砚台可用莲蓬壳，既容易去除污垢，又不损伤砚台。特别忌讳用开水磨墨，茶水、酒水都不能用，更不要让顽童洗涤砚台。砚台盒宜用紫色或黑色漆木盒，不可用金属盒子，因为金属易使砚台干燥。至于紫檀、乌木，以及雕红、彩漆盒，都很俗，不可用。

原文

『尖』、『齐』、『圆』、『健』，笔之四德。盖毫坚则『尖』，毫多则『齐』，用苘贴衬得法，则毫束而『圆』，用纯毫附以香狸、角水得法，则用久而『健』，此制笔之诀也。古有金银管、象管、玳瑁管、玻璃管、镂金、绿沈管，近有紫檀、雕花诸管，俱俗不可用。惟斑管最雅，不则竟用白竹。寻丈大笔，以木为管，亦俗。当以筇竹为之，盖竹细而节大，易于把握。笔头式须如尖笋，细腰、葫芦诸样，仅可作小书，然亦时制也。画笔，杭州者佳。古人用笔洗，盖书后即涤去滞墨，毫坚不脱，可耐久。笔败则瘗之，故云『败笔成冢』，非虚语也。

译文

『尖』、『齐』、『圆』、『健』，是毛笔的四德，因为毫毛坚硬，毫束就『尖』；毫毛多，毫束就『齐』；粘贴得好，毫束就『圆』；用纯净毫毛与香狸油、胶水黏合得法，笔就耐用，称为『健』，这是制笔的要诀。古代有金银管、象管、玳瑁管、玻璃管、镂金、绿沉管，近代有紫檀管、雕花管等，这些都很俗气，不可用，只有斑竹管最雅致，不然就用箬竹。有的大笔，用木做笔杆，也很俗，应该用筇竹做，因为这种竹子细而且竹节大，易于手握。笔头应像尖笋，细腰、葫芦等样子的，只能用于写小字，当然这也是现在通用的式样。画笔以杭州的为佳。古人用笔洗，笔用后当即清洗，因此笔毛就不会脱落，经久耐用。笔用坏了就埋起来，所以有『败笔成冢』的说法，此话不假。

笔

剑

原文

今无剑客，故世少名剑，即铸剑之法亦不传。古剑铜铁互用，陶弘景《刀剑录》所载有『屈之如钩，纵之直如弦，铿然有声』者，皆目所未见。近时莫如倭奴所铸，青光射人。曾见古铜剑，青绿四裹者，蓄之，亦可爱玩。

译文

现今已无剑客，所以世间少有名剑，铸剑技艺也失传了。古剑铜铁互用，陶弘景所著《刀剑录》所记载的能『弯曲如钩、笔直如弦，铿锵有声』的剑，都没有亲眼见过。近年来，已没有剑能像日本剑那样寒光逼人。只曾见过布满铜绿的古铜剑，也可收藏以供玩赏。

剑

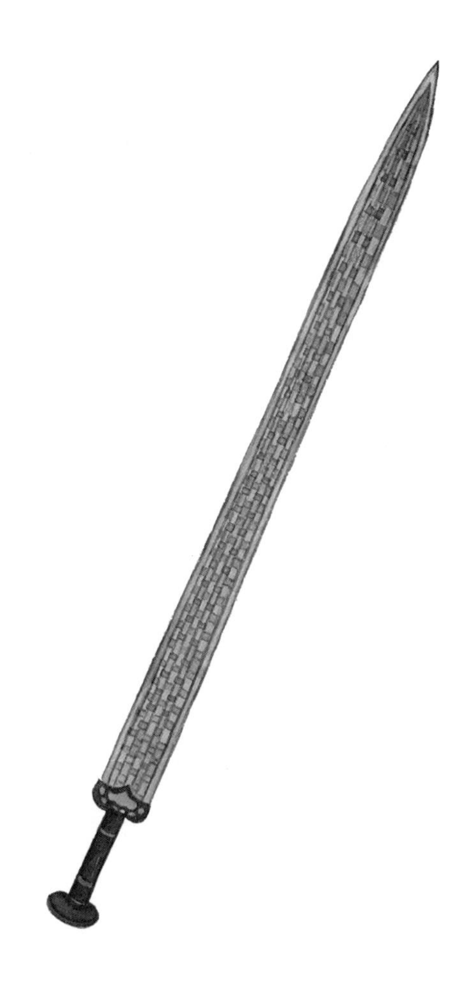

印章

原文

以青田石莹洁如玉、照之璨若灯辉者为雅。然古人实不重此，五金、牙、玉、水晶、木、石，皆可为之，惟陶印则断不可用，即官、哥、冬青等窑，皆非雅器也。古鎏金、镀金、细错金银、商金、青绿、金、玉、玛瑙等印，篆刻精古，钮式奇巧者，皆当多蓄，以供赏鉴。印池以官、哥窑方者为贵，定窑及八角、委角者次之，青花白地、有盖、长样俱俗。近做周身连盖滚螭白玉印池，虽工致绝伦，然不入品。所见有三代玉方池，内外土锈血侵，不知何用，令以为印池，甚古，然不宜日用，仅可备文具一种。图书匣以豆瓣楠、赤水、椤木为之，方样套盖，不则退光素漆者亦可用，他如剔漆、填漆、紫檀镶嵌古玉，及毛竹、攒竹者，俱不雅观。

译文

印章以洁白如玉、晶莹剔透的青田石为雅，但古人并不只看重青田石，金属、象牙、玉石、水晶、木石都可篆刻印章，只有陶瓷印章绝不能用，官、哥、青冬等窑陶瓷印章，都不是古雅器物。古鎏金、镀金、细错金银、商金、青绿、金玉、玛瑙印章中，篆刻精致、印钮形状奇巧的，都应多多收藏，供鉴赏把玩。印泥池，官、哥窑的方瓷盒最好；定窑以及八角形、圆角的稍次；青花白底、有盖子的、长形的，都很俗。近年有一种盒，盖连体做成螭形的白玉印池，

印章

虽然做工精妙绝伦，但不入品。有夏商周时期的玉石方池，内外都有土锈血浸，不知原来做什么用，现在用作印池就很古雅，但不宜常用，仅可作一种文具收藏。收藏图书的小盒子用豆瓣楠、赤水、椤木做成有盖的成套方盒，不然就做成退光素漆的，其他如雕漆、填漆、紫檀镶嵌古玉及毛竹、攒竹的，都不雅观。

衣饰

衣饰

原文

衣冠制度，必与时宜。吾侪既不能披鹑带索，又不当缀玉垂珠，要须夏葛、冬裘，被服娴雅，居城市有儒者之风，入山林有隐逸之象。若徒染五采，饰文缋，与铜山金穴之子，侈靡斗丽，亦岂诗人『粲粲衣服』之旨乎？至于蝉冠朱衣，方心曲领，玉佩朱履之为汉服也，幞头大袍之为隋服也；纱帽圆领之为唐服也，檐帽襕衫、申衣幅巾之为宋服也，巾环襈领、帽子系腰之为金元服也；方巾团领之为国朝服也。皆历代之制，非所敢轻议也。志《衣饰第八》。

译文

服装的式样规格，一定要合于时宜。我们既不能披破衣、扎草索，也不能穿金戴银，缀玉垂珠，而应当夏天穿葛麻，冬天穿皮裘；穿着当自然适时，居住城市应有儒者风度，闲居山林则有隐士逸情。如一味追求华丽多彩，与富豪人家争艳斗富，这哪里是诗人衣着整洁的宗旨呢？至于蝉冠红衣、方心曲领、玉佩红鞋为汉代服饰，幞头大袍为隋代服饰，纱帽圆领为唐代服饰，褴帽褛衫、深衣幅巾为宋代服饰，巾环襈领、帽子束腰为元代服饰，方巾圆领为明代服饰，这都是各个时代形成的习俗，并非谁的规定。记《衣饰第八》。

衣饰

道服

原文

制如申衣，以白布为之，四边延以缁色布，或用茶褐为袍，缘以皂布。有月衣，铺地如月，披之则如鹤氅。二者用以坐禅策蹇，披雪避寒，俱不可少。

译文

道家的法服，是用白布做的长袍，四边镶上黑布宽边，或者是褐色长袍镶黑布边。另外有披风，铺在地上如半圆月形，披在身上如鸟之羽翼。这两种衣服是坐禅和骑马时，挡雪避寒不可缺少的。

原文

铁冠最古，犀玉、琥珀次之，沉香、葫芦者又次之，竹箨、瘿木者最下。制惟偃月、高士二式，余非所宜。

译文

头冠，数铁冠最古，犀角、玉石、琥珀的稍次，沉香、葫芦做的又差一些，笋壳、瘿木做的最差。头冠只有偃月、高士两种式样可取，其余的都不适宜。

巾

原文

唐巾去汉式不远，今所尚披云巾最俗，或自以意为之。『幅巾』最古，然不便于用。

译文

唐巾与汉代头巾的样式区别不大，现在崇尚的『披云巾』最俗，有人按自己喜好来做头巾。『幅巾』最古雅，但不便使用。

笠

原文

细藤者佳，方广二尺四寸，以皂绢缀檐，山行以遮风日。又有叶笠、羽笠，此皆方物，非可常用。

译文

斗笠以细藤做的最好，方圆二尺四寸，用黑绢滚边，外出时用来遮阴避风。还有竹叶或树叶斗笠、羽毛斗笠，都是地方用具，不通用。

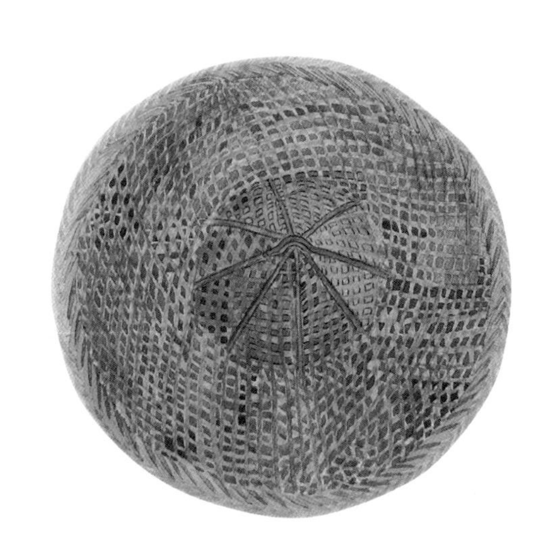

履

原文

冬月秧履最适，且可暖足。夏月棕鞋惟温州者佳。若方舄等样制作不俗者，皆可为济胜之具。

译文

冬天最适宜穿芦花、稻草做的鞋子，舒适温暖。夏天穿的棕榈鞋是温州产的最好，像方舄等制作不俗的鞋子，都很适合远行时穿着。

履

舟车

舟车

原文

舟之习于水也，大舸连轴，巨槛接舻，既非素士所能办，蜻蜓蚱蜢，不堪起居。要使轩窗阑槛，俨若精舍，室陈厦飧，靡不咸宜。用之祖远饯近，以畅离情；用之登山临水，以宣幽思，用之访雪载月，以写高韵。或芳辰缀赏，或静女采莲，或子夜清声，或中流歌舞，皆人生适意之一端也。至如济胜之具，篮舆最便，但使制度新雅，便堪登高涉远；宁必饰以珠玉，错以金贝，被以缋罽，藉以簟茀，镂以钩膺，文以轮辕，约以鞗革，和以鸣鸾，乃称周行鲁道哉？志《舟车第九》。

译文

水中航行的大船巨舰，儒士文人无法拥有，小船小艇又不能歇息起居。只要船舱敞亮如精致房舍，室内陈设时宜，舱外能摆酒设宴，可迎来送往，以尽别离情谊；可登山涉水，访古寻幽；可踏雪戴月，抒发高远情致；船上共赏良辰美景、少女乘舟采莲，子夜泛舟清吟，江中纵情歌舞，都是人生之一大快事。至于交通工具，篮舆最为便捷，只要规格适宜、式样新雅，照样能登高涉远；难道一定要车驾镶金缀玉，五彩描画，绚丽装饰，才能行驶顺畅、道路通达吗？记《舟车第九》。

巾车

原文

今之肩舆，即古之巾车也。第古用牛马，今用人车，实非雅士所宜。出闽、广者精丽，且轻便。楚中有以藤为扛者，亦佳。近金陵所制缠藤者，颇俗。

译文

今天的『肩舆』，是古时的『巾车』。不过古时靠牛马，如今用人力而已，实在不适合文人雅士乘坐。福建、广东的巾车，华丽轻便；湖南、湖北有用树藤为抬扛的巾车也很好；近年南京制造的缠藤巾车，颇为俗气。

篮舆

原文

山行无济胜之具，则篮舆似不可少。武林所制，有坐身踏足处，俱以绳络者，上下峻坂皆平，最为适意，惟不能避风雨。有上置一架，可张小幔者，亦不雅观。

译文

行走山路没有其他交通工具，篮舆却不可缺少。武林所产的篮舆座位和踏脚处都有绳网遮拦，上下陡坡时都很平稳，非常舒适，只是不能避风雨。也有设置一个支架，铺上帐幔的，但不雅观。

小船

原文

长丈余，阔三尺许，置于池塘中，或时鼓枻中流，或时系于柳阴曲岸，执竿把钓，弄月吟风。以蓝布作一长幔，两边走檐，前以二竹为柱，后缚船尾钉两圈处，一童子刺之。

译文

小船，长一丈多，宽三尺左右，放在池塘中，有时湖面泛舟，有时停靠柳岸，月夜垂钓。用蓝布做船篷，两边伸出做檐，前面用两根竹竿支撑，后面固定在船尾。需一小童撑船。

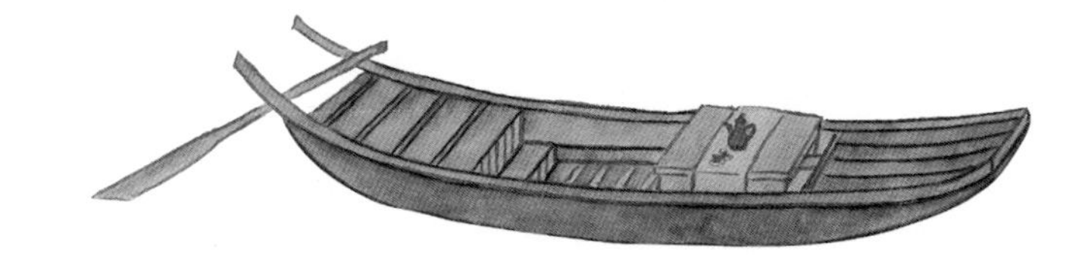

舟

原文

形如划船，底惟平。长可三丈有余，头阔五尺，分为四仓：中仓可容宾主六人，置桌凳、笔床、酒枪、鼎彝、盆玩之属，以轻小为贵；前仓可容童仆四人，置壶榼、茗垆、茶具之属；后仓隔之以板，傍容小弄，以便出入，中置一榻，一小几。小厨上以板承之，可置书卷、笔砚之属；榻下可置衣厢、虎子之属。幔以板，不以蓬簟，两傍不用栏楯，以布绢作帐，用蔽东西日色，无日则高卷，卷以带，不以钩。他如楼船、方舟诸式，皆俗。

译文

舟形状与划船类似，底平直，长可达三丈多，头部宽五尺，分为四个舱：中舱可客宾主六人，放置桌凳、笔床、酒枪、鼎彝、盆景之类，以小巧的为好；前舱可容小童仆人四人，放置酒壶、茶炉、茶具之类；后舱用木板隔出一个小巷，便于出入。安置一张榻，一个小几。小橱柜上放置一木板，用以摆放书卷、笔砚之类。榻下可放衣箱、便器之类。船篷要用木板，不可用竹篾之类，两旁不用栏杆，用布绢做幔帐，遮挡阳光，阴天就卷起来，用带子固定，不用钩子。其他如楼船、方舟之类，都很俗气。

舟

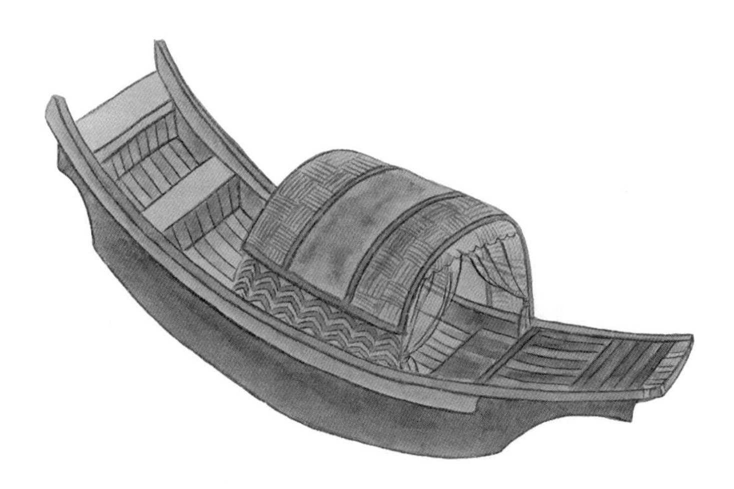

位置

位置

原文

位置之法，烦简不同，寒暑各异。高堂广榭，曲房奥室，各有所宜。即如图书、鼎彝之属，亦须安设得所，方如图画。云林清秘，高梧古石中，仅一几一榻，令人想见其风致，真令神骨俱冷。故韵士所居，入门便有一种高雅绝俗之趣。若使前堂养鸡牧豕，而后庭侈言浇花洗石，政不如凝尘满案，环堵四壁，犹有一种萧寂气味耳。志《位置第十》。

译文

空间布局，有繁有简，寒暑各异；高楼大厦，幽局密室，各不相同；即便图书及鼎彝之类玩物，也要陈设得当，才能像图画一样协调有致。元代画家云林的居所在高山丛林中，只设一几一榻，却令人联想到山居风致，顿觉通体清凉。因此雅士居所，进门就有一种高雅脱俗的风韵。如果前庭养鸡养猪，后院就不可种花弄石，不如几案满尘、四壁矮墙，那样还有一种萧瑟寂静的意味。记《位置第十》。

位置

悬画

原文

悬画宜高，斋中仅可置一轴于上，若悬两壁及左右对列，最俗。长画可挂高壁，不可用挨画竹曲挂。画桌可置奇石，或时花盆景之属，忌置朱红漆等架。堂中宜挂大幅横披，斋中宜小景花鸟，若单条、扇面、斗方、挂屏之类，俱不雅观。画不对景，其言亦谬。

译文

挂画宜高，室内只能挂一幅，两壁及左右对列悬挂，最俗。长幅画应挂在高处，不可曲挂。画桌可摆放奇石，或者盆景花卉之类，切忌摆放朱红漆架子。厅堂宜挂大幅横批，书斋宜挂小景、花鸟画；单条、扇面、斗方、挂屏等，都不雅观。悬挂的绘画与环境不协调，就适得其反了。

悬画

置炉

原文

于日坐几上置倭台几方大者一。上置炉一，香盒大者一，置生、熟香。小者二，置沉香、香饼之类。筯瓶一。斋中不可用二炉，不可置于挨画桌上，及瓶盒对列。夏月宜用磁炉，冬月用铜炉。

译文

在常用的坐几上放置一个日式小几，上面放一个炉子、一个存放生香和熟香的大香盒、两个存放沉香和香饼的小香盒、一个炉筷瓶。一室不可用两个炉子，不可放在靠近挂画的桌上，瓶子与盒子不可对列。夏天宜用陶瓷炉，冬天则用铜炉。

置瓶

原文

随瓶制置大小倭几之上，春冬用铜，秋夏用磁，堂屋宜大，书屋宜小。贵铜瓦，贱金银，忌有环，忌成对。花宜瘦巧，不宜烦杂，若插一枝，须择枝柯奇古，二枝须高下合插，亦止可一二种，过多便如酒肆。惟秋花插小瓶中不论。供花不可闭窗户焚香，烟触即萎，水仙尤甚，亦不可供于画桌上。

译文

花瓶根据式样大小，摆放在适宜的大小矮几上。春冬用铜瓶，秋夏用瓷瓶；堂屋宜大，书房宜小；以铜瓶瓷瓶为好，金银瓶子则俗；花瓶忌讳有瓶耳，忌讳成对摆放。瓶花适合纤巧，不宜繁杂，如插一枝，要选择奇特古朴的枝干，二枝要高低错落，最多也就一二种，过多就像酒楼一般，只有秋花插小瓶，可不论多少。室内摆有插花，不可关窗焚香，花被烟熏会萎谢，水仙花尤其如此。插花也不可摆在画桌上。

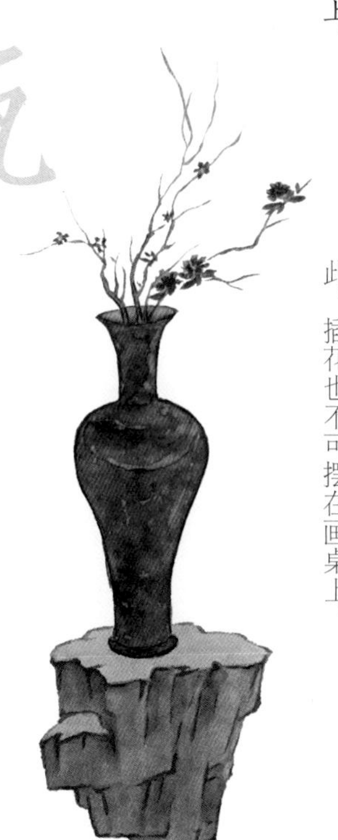

敞室

原文

长夏宜敞室，尽去窗槛，前梧后竹，不见日色。列木几极长大者于正中，两傍置长榻无屏者各一。不必挂画，盖佳画夏日易燥，且后壁洞开，亦无处宜悬挂也。北窗设湘竹榻，置簟于上，可以高卧。几上大砚一，青绿水盆一，尊彝之属，俱取大者。置建兰一二盆于几案之侧。奇峰古树，清泉白石，不妨多列。湘帘四垂，望之如入清凉界中。

译文

夏天应敞开屋子，窗户的窗扇全部撤除，屋前有梧桐树，屋后是竹林，不见阳光。摆放一个特别长而大的木几在屋子正中，两旁各放一架无屏长榻。夏天不必挂画，因为气温高，好画易损，况且后壁洞开，也无处悬挂。北窗下摆放一斑竹榻，铺上草席，可以躺卧。书案上放置大砚台一个、青绿水盆一个，以及尊彝之类，都要用较大的。书案旁摆一二盆建兰。奇峰古树、清泉白石等盆景，不妨多陈设一些。屋子四周垂挂竹帘，使人感觉十分清凉。

敞室

佛室

原文

内供乌丝藏佛一尊，以金鋈甚厚、慈容端整、妙相具足者为上，或宋、元脱纱大士像俱可，用古漆佛橱。若香像、唐像及三尊并列、接引诸天等像，号曰『一堂』，并朱红小水等橱，皆僧寮所供，非居士所宜也。长松石洞之下，得古石像最佳。案头以旧磁净瓶献花，净碗酌水，石鼎爇印香，夜燃石灯，其钟、磬、幡、幢、几、榻之类，次第铺设，俱戒纤巧。钟、磬尤不可并列。用古倭漆经厢，以盛梵典。庭中列施食台一，幡竿一，下用古石莲座石幢一，幢下植杂草花数种。石须古制，不则亦以水蚀之。

译文

佛堂内供奉的佛像，鋈金厚实、面容慈祥端庄的藏佛最好，或者是宋元时无披纱观音菩萨像，用古漆佛橱供奉。如果香像唐像及三尊并列，接引、诸天等像，称为『一堂』，一起用朱红小木橱供奉，这都是寺院的陈列，不适合居士在家修行。如有在松林石壁寻的古石佛像最好；案头上供奉古瓷净瓶插花，净碗盛水，石鼎焚香，石灯通夜长明，钟、磬、幡、幢、几、榻之类，依次排列。钟、磬一定不能并列。用古日本漆的经箱存放佛经。室中设一个施食台，一根挂幡竹竿，下面用古石莲花座石幢一个，幢下种植各种花草，石幢要古旧的，否则就用水浸泡作旧再用。

佛室

蔬果

蔬果

原文

田文坐客，上客食肉，中客食鱼，下客食菜，此便开千古势利之祖。吾曹谈芝讨桂，既不能饵菊术，啖花草，乃层酒累肉，以供口食，真可谓秽吾素业。古人蘋蘩可荐，蔬笋可羞，顾山肴野蔌，须多预蓄，以供长日清谈，闲宵小饮；又如酒�皿合，皆须古雅精洁，不可毫涉市贩屠沽气；又当多藏名酒，及山珍海错，如鹿脯、荔枝之属，庶令可口悦目，不特动指流涎而已。志《蔬果第十一》。

译文

孟尝君家的客人分三等，上等客人吃肉，中等客人吃鱼，下等客人吃蔬菜，这就是千百年来势利处世哲学的源头。我们欣慕芝兰的高洁，却不能吃花食草；相反大量饮酒食肉，可谓是玷污我等的素洁生活。古人爱吃蔬菜、竹笋及野生植物，所以要多准备一些野味野菜，以供白日清谈，夜里消闲时，小饮佐酒；酒器食具都要古雅精致，不能沾染丝毫肉铺酒肆的市井气；还应多贮藏一些名酒和山珍海味，如鹿肉干、荔枝之类，这些食品既可口又悦目，不止饱口福而已。记《蔬果第十一》。

蔬果

樱桃

原文

樱桃古名楔桃，一名朱桃，一名英桃，又为鸟所含，故《礼》称含桃。盛以白盘，色味俱绝。南都曲中有英桃脯，中置玫瑰瓣一味，亦甚佳，价甚贵。

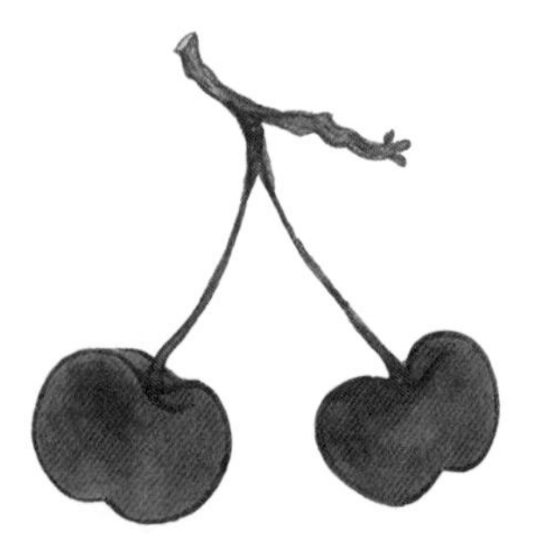

译文

樱桃古代叫作『楔桃』，也叫『朱桃』，又叫『英桃』，因为常被鸟含食，所以《礼记》里称为『含桃』，放在白色盘子里，色味都很绝妙。南京官妓坊有一种加玫瑰花瓣的樱桃干甚佳，价钱也很昂贵。

原文

大如杯盂，香气馥烈，吴人最尚。以磁盆盛供，取其瓤，拌以白糖，亦可作汤，除酒渴。又有一种皮稍粗厚者，香更胜。

译文

香橼大如水杯，香气浓烈，苏州人最喜爱。将香橼放在瓷盆里，取出果肉，拌上白糖，也可以熬汤，可用于酒后解渴；还有一种果皮稍粗厚的，香气更浓。

桃李梅杏

原文

桃易生，故谚云：『白头种桃』。其种有扁桃、墨桃、金桃、鹰嘴、脱核蟠桃。以蜜煮之，味极美。李品在桃下，有粉青、黄姑二种。别有一种，曰『嘉庆子』，味微酸。北人不辨梅、杏，熟时乃别。梅接杏而生者，曰杏梅。又有消梅，入口即化，脆美异常，虽果中凡品，然却睡止渴，亦自有致。

译文

桃树生长很快，所以有谚语『白头种桃』。桃树有扁桃、黑桃、金桃、鹰嘴桃、脱核蟠桃，用蜜汁煮食，味道非常甜美。李子品级在桃之下，有青皮、黄皮两种，另有一种叫『嘉庆子』的李子，味道微酸。北方人到果实成熟后才能区分梅、杏。梅树嫁接在杏树上生长的，叫作『杏梅』；还有一种消梅，入口即化，特别香脆，虽说只是普通果品，但能提神止渴，也自有用处。

桃李梅杏

橘橙

原文

橘为『木奴』，既可供食，又可获利。有绿橘、金橘、蜜橘、扁橘数种，皆出自洞庭。别有一种小于闽中，而色味俱相似，名『漆堞红』者，更佳。出衢州者，皮薄亦美，然不多得。山中人更以落地未成实者，制为橘药，醎者较胜。黄橙堪调脍，古人所谓『金虀』，若法制丁片，皆称俗味。

译文

柑橘又叫『木奴』，既可自己食用，也可出售赚钱。有绿橘、金橘、蜜橘、扁橘等数种，都产自太湖；有一种小于闽橘而色味相似的『漆堞红』，味道更美；产自衢州的薄皮橘子也很甜美，但很稀少；山里人将没有成熟掉到地上的橘子制成橘药，其中腌制的更好。黄橙可像鱼肉一样切为细片，即古人所谓『金虀』；假如都如法炮制，使它成丁切片，那就成为『俗味』了。

橘橙

枇杷

原文

枇杷独核者佳，株叶皆可爱，一名款冬花，荐之果奁，色如黄金，味绝美。

译文

只有一颗核的枇杷最好，枇杷的枝叶都好看，别名叫『款冬花』，腌制后装入果盒，色泽金黄，味道绝美。

葡萄

原文

有紫、白二种，白者曰『水晶萄』，味差亚于紫。

译文

葡萄有紫色、白色两种。白色的叫『水晶萄』，味道不及紫葡萄。

杨梅

原文

吴中佳果，与荔枝并擅高名，各不相下。出光福山中者，最美。彼中人以漆盘盛之，色与漆等，一斤仅二十枚，真奇味也。生当暑中，不堪涉远，吴中好事家，或以轻桡邮置，或买舟就食。出他山者味酸，色亦不紫。有以烧酒浸者，色不变而味淡；蜜渍者，色味俱恶。

译文

杨梅是苏州的绝佳水果，与荔枝的美誉不相上下，产自苏州光福山的最好。山里人用漆盘盛上，杨梅的色泽如漆色一样鲜亮，此地杨梅个大，一斤仅有二十枚，是极好的果品。杨梅成熟时正当暑期，不能远运，有不嫌麻烦的人就用轻快小船外运，或者乘船前往品尝。产自其他山里的杨梅，味酸、色淡。杨梅也可以用来泡酒，其色不变而味更淡；用蜜渍的，色味都差。

杨梅

荔枝

原文

荔枝虽非吴地所种，然果中名裔，人所共爱，『红尘一骑』，不可谓非解事人。彼中有蜜渍者，色亦白，第壳已殷，所谓『红糯白玉肤』，亦在流想间而已。龙眼称『荔枝奴』，香味不及，种类颇少，价乃更贵。

译文

荔枝虽然不是江苏出产，但是水果中佳品，人人都喜爱，『红尘一骑』正是为了品尝荔枝的鲜美。其中有蜜渍的，肉色还白，但壳已变红，因此有『红糯白玉肤』的说法流传。龙眼被称为『荔枝奴』，香味不及荔枝，品种也很少，价格更贵。

原文

枣类极多，小核色赤者，味极美。枣脯出金陵，南枣出浙中者，俱贵甚。

译文

枣的品种很多，核小色红的枣，味道极美。南京的枣脯、浙江的南枣，都很珍贵。

生梨

原文

梨有二种：花瓣圆而舒者，其果甘；缺而皱者，其果酸，亦易辨。出山东，有大如瓜者，味绝脆，入口即化，能消痰疾。

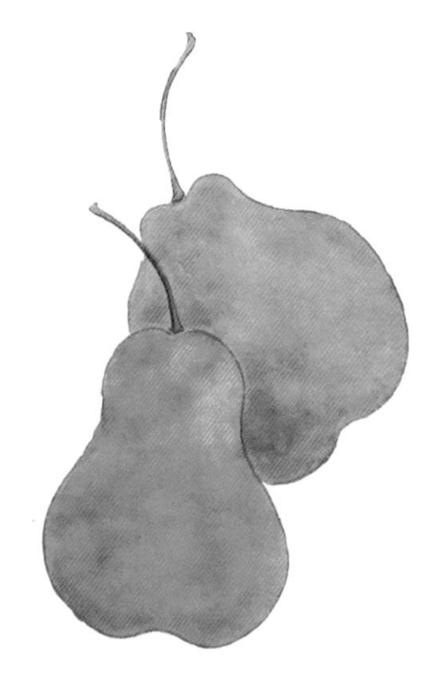

译文

梨有两种：花瓣圆而舒展的，结出的果子就甜；花瓣少而皱的，结出的果子就酸。山东出产的一种如瓜大的梨，非常香脆，入口即化，能止咳祛痰。

栗

原文

杜甫寓蜀，采栗自给，山家御穷，莫此为愈。出吴中诸山者绝小，风干，味更美。出吴兴者，从溪水中出，易坏，煨熟乃佳。以橄榄同食，名为『梅花脯』，谓其口作梅花香，然实不尽然也。

译文

杜甫寓居四川时，靠采板栗养活自己，山里人家维持生计，没有比这更好的办法。吴中山里出产的板栗都很小，风干后，味道更好；吴兴出产的板栗，因从溪流运出，容易坏，煮熟存放为好。板栗与橄榄同吃，称为『梅花脯』，说是口味如梅花香，其实不尽然。

柿

原文

柿有七绝：一寿，二多阴，三无鸟巢，四无虫，五霜叶可爱，六嘉实，七落叶肥大。别有一种，名灯柿，小而无核，味更美。或谓柿接三次，则全无核，未知果否。

译文

柿子树有七大绝妙处：一是寿命长，二是喜阴，三是无鸟巢，四是无虫害，五是霜叶可爱，六是果实大而甜，七是落叶肥大。另外有一种叫『灯柿』，果实小而无核，味更美。有种说法：结了三季果后的柿子都无核了，不知是否果真如此。

菱

原文

两角为菱，四角为芰，吴中湖泖及人家池沼皆种之。有青红二种：红者最早，名水红菱；稍迟而大者，曰雁来红；青者曰莺哥青；青而大者，曰馄饨菱，味最胜；最小者曰野菱。又有白沙角，皆秋来美味，堪与扁豆并荐。

译文

两角的是『菱』，四角的是『芰』，吴中湖泊及农家池塘都有种。分青红两种：红色的成熟最早，名叫『水红菱』；成熟稍迟而个更大的，名叫『雁来红』；青色的叫『莺哥青』；色青而个大的叫『馄饨菱』，味道最好；最小的叫『野菱』。还有『白沙角』，都是秋季美味，能与扁豆媲美。

芡

原文

芡花昼展宵合，至秋作房如鸡头，实藏其中，故俗名『鸡豆』。有粳、糯二种，有大如小龙眼者，味最佳，食之益人。若剥肉和糖，捣为糕糜，真味尽失。

译文

芡的花白天开放，夜里闭合，到秋天长成像鸡头的子房，种子就在其中，所以俗称『鸡豆』。有粳、糯两种，有如小龙眼一样大的，味道最佳而且养人。如剥壳取肉和糖捣碎如泥，就完全失去本味了。

原文

西北称柰，家以为脯，即今之蘋婆果是也。生者较胜，不特味美，亦有清香。吴中称『花红』，即名『林檎』，又名『来禽』，似柰而小，花亦可观。

译文

花红在西北称为『柰』，每家都把它做成果脯，也就是现在叫蘋婆果的。生吃更好，不但味美，而且清香。吴中称为『花红』，又叫『林檎』、『来檎』，果子与柰相似，略小一点，花朵也好看。

西瓜

原文

西瓜味甘，古人与沉李并埒，不仅蔬属而已。长夏消渴吻，最不可少，且能解暑毒。

译文

西瓜味甜，古人把它与冷水里浸过的李子相提并论，它不只是一般的果蔬，而是夏季最不可少的解渴消暑水果。

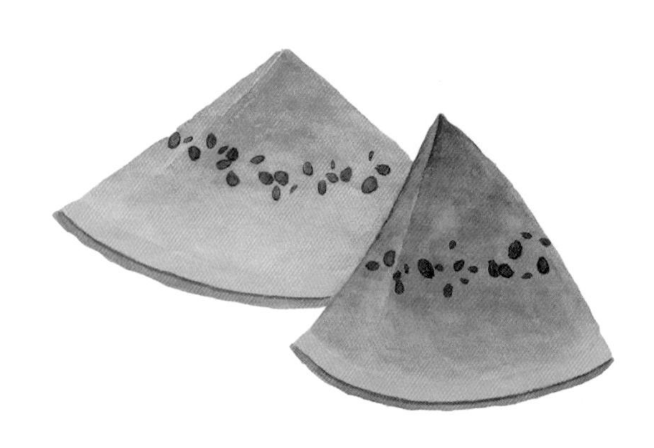

石榴

原文

石榴，花胜无果，有大红、桃红、浅白三种。千叶者名『饼子榴』，酷烈如火，无实，宜植庭际。

译文

石榴，花朵胜过果实，有大红、桃红、淡白色三种。花瓣繁多的，叫『饼子榴』，花朵怒放，热烈如火，不结果实，适合种于庭院。

白扁豆

原文

纯白者味美，补脾入药，秋深篱落，当多种以供采食。干者亦须收数斛，以足一岁之需。

译文

纯白色的扁豆，不仅味美，而且有补脾功效，深秋时应多种一些供采鲜豆食用，并且收贮一些干豆，供一年食用。

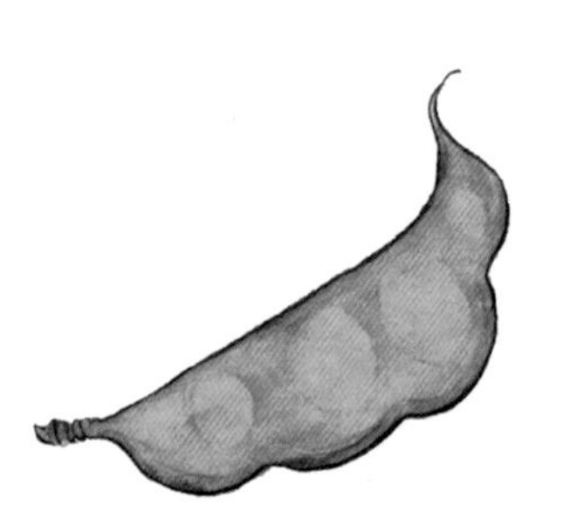

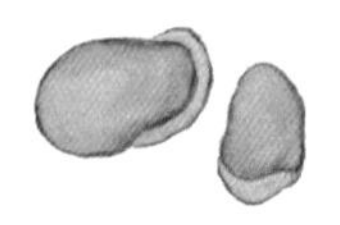

五加皮

原文

久服，轻身明目。吴人于早春采取其芽，焙干点茶，清香特甚，味亦绝美。亦可作酒，服之延年。

译文

长期服用五加皮，可使人身轻目明，吴地人采摘早春嫩芽，焙干泡茶，清香浓郁，味道绝美，也可泡酒，常饮可延年益寿。

菌

原文

雨后弥山遍野，春时尤盛，然蛰后虫蛇始出，有毒者最多，山中人自能辨之。秋菌味稍薄，以火焙干，可点茶，价亦贵。

译文

菌生于山林，雨后漫山遍野都有，春季更多，但惊蛰后，虫蛇出没，就有一些毒菌了，山里人自然能分辨。秋菌的味道稍淡，可焙干泡茶，价格很贵。

茄子

原文

茄子一名『落酥』，又名『昆仑紫瓜』，种苋其傍，同浇灌之，茄苋俱茂，新采者味绝美。蔡遵为吴兴守，斋前种白苋、紫茄，以为常膳。五马贵人，犹能如此，吾辈安可无此一种味也？

译文

茄子又叫『落酥』、『昆仑紫瓜』，与苋菜间种，同时浇灌，茄子、苋菜都会生长茂盛，新鲜茄子的味道绝美。蔡遵做吴兴太守时，屋前种白苋菜、紫茄子，作为日常食物。身居太守，尚能如此，我们怎么能没有这样的一味呢？

茭白

原文

古称雕胡，性尤宜水，逐年移之，则心不黑，池塘中亦宜多植，以佐灌园所缺。

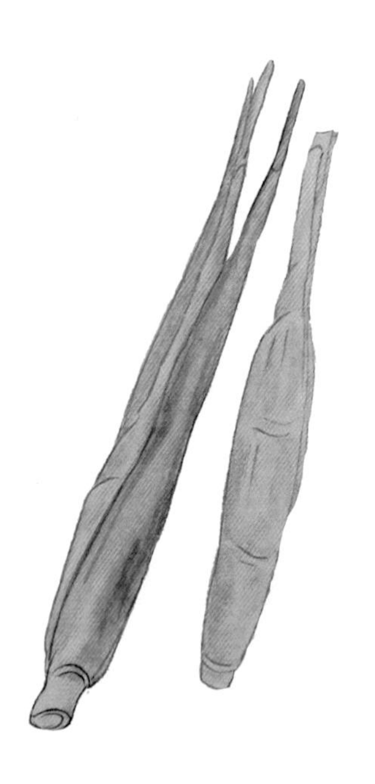

译文

茭白，古时称为『雕胡』，尤其适合水生，逐年移植，茎就不会长黑点，池塘里多种一些，以补充菜园缺少的品种。

山药

原文

本名薯药。出娄东岳王市者，大如臂，真不减天公掌，定当取作常供。夏取其子，不堪食。至如香芋、乌芋、凫茨之属，皆非佳品。乌芋即茨菇，凫茨即地栗。

译文

山药本名『薯药』，出自江苏太仓岳王市的山药，大如手臂，不亚于天公掌，可作日常菜蔬。夏季结种子，但不好吃。至于香芋、乌芋之类，都不是佳品。乌芋凫茨就是茨菇，凫茨就是『荸荠』。

萝蔔蔓菁

原文

萝蔔一名土酥，蔓菁一名六利，皆佳味也。他如乌、白二菘，莼、芹、薇、蕨之属，皆当命园丁多种，以供伊蒲，第不可以此市利，为卖菜佣耳。

译文

萝卜又叫『土酥』，蔓菁又叫『六利』，都是上好的蔬菜。其他如瓢儿菜、小白菜两种白菜，莼菜、芹菜、薇菜、蕨菜之类，都应叫园丁多种一些作为斋日素食，但不可出卖赚钱，沦为卖菜人。

萝蔔　蔓菁

香茗

香茗

原文

香、茗之用，其利最溥，物外高隐，坐语道德，可以清心悦神；初阳薄暝，兴味萧骚，可以畅怀舒啸；晴窗拓帖，挥麈闲吟，篝灯夜读，可以远辟睡魔；青衣红袖，密语谈私，可以助情热意；坐雨闭窗，饭余散步，可以遣寂除烦；醉筵醒客，夜语蓬窗，长啸空楼，冰弦戛指，可以佐欢解渴。品之最优者，以沉香、芥茶为首，第焚煮有法，必贞夫韵士，乃能究心耳。志《香茗第十二》。

译文

饮茶品茗，益处多多，隐逸山林，谈玄论道之余，可以清心怡神；晨曦薄暮，心生惆怅之际，可以抒解心气，通畅胸怀；临帖摹写，闭目吟诵，挑灯夜读之时，可以去除睡意；女子之间，密语私谈之时，可以浓密情谊；雨天闷坐，饭后散步之时，可以排遣寂寥烦闷；宴饮宾客，酒楼歌肆，弹琴唱和之际，可以解渴尽欢。品质最优的，首推沉香、岕茶，但要焚煮得法，只有真正的君子雅士，才能领悟其中奥妙。记《香茗第十二》。

香茗

沉香

原文

质重、劈开如墨色者佳。沉取沉水，然好速亦能沉。以隔火炙过，取焦者别置一器，焚以熏衣被。曾见世庙有水磨雕刻龙凤者，大二寸许，盖醮坛中物，此仅可供玩。

译文

沉香质地沉重，剥开后内中颜色像墨一样黑的，才是佳品，不在于是否能沉水，因为好的速香也能沉水。隔火烘烤，将烤焦的另放一处，用来熏衣被。曾见明嘉靖年制水磨雕刻龙凤图样的沉香，大约二寸，是道士祈祷的用品，只能供作赏玩。

安息香

原文

都中有数种，总名『安息』，『月麟』、『聚仙』、『沉速』为上。沉速有双料者，极佳。内府别有『龙挂香』，倒挂焚之，其架甚可玩。若『兰香』、『万春』、『百花』等，皆不堪用。

译文

安息香有很多种，统称安息香，其中『月麟』、『聚仙』、『沉速』几种最好。沉速有双料的，极好。内府专有『龙挂香』，倒挂着焚烧，挂香的架子很可爱。『若兰香』、『万春』、『百花』等品种，都不可用。

虎丘天池

原文

虎丘最号精绝，为天下冠，惜不多产，又为官司所据。寂寞山家，得一壶两壶，便为奇品，然其味实亚于岕。天池出龙池一带者佳，出南山一带者最早，微带草气。

译文

虎丘茶，名冠天下，可惜产量不多，又被官方垄断。山居雅士，能得一两壶，便觉十分稀奇。其实此茶味道不及岕茶。天池茶产自龙池一带的很好，产自南山一带的最早，微带草青味。

洗茶

原文

先以滚汤候少温洗茶，去其尘垢，以定碗盛之，俟冷点茶，则香气自发。

译文

先用稍冷一会儿的沸水洗去茶叶杂质，放入定瓷茶碗，待稍冷后再沏水，香气四溢。

岕

原文

浙之长兴者佳，价亦甚高，今所最重。荆溪稍下。采茶不必太细，细则芽初萌而味欠足。不必太青，青则茶已老，而味欠嫩。惟成梗蒂，叶绿色而团厚者为上。不宜以日晒，炭火焙过，扇冷，以箬叶衬罂贮高处，盖茶最喜温燥，而忌冷湿也。

译文

岕茶，产自浙江长兴的最好，价格也很高，今世最看重；产自宜兴荆溪的，稍微差一点。采茶不必太嫩，刚发的嫩芽茶味不足；也不必太青，太青则茶已老，茶味过烈。只有梗蒂刚成，叶子翠绿而厚圆的，最好。不宜日晒，炭必烘焙后扇冷，用箬竹叶包裹后装入小口瓶存放高处，因为茶叶适宜干燥，忌讳潮湿。

岕

候汤

原文

缓火炙，活火煎。活火，谓炭火之有焰者。始如鱼目为『一沸』，缘边泉涌为『二沸』，奔涛溅沫为『三沸』。若薪火方交，水釜才炽，急取旋倾，水气未消，谓之『嫩』；若水逾十沸，汤已失性，谓之『老』，皆不能发茶香。

译文

缓火用于烤，活火用于煎。活火就是冒着火苗的火。水烧到开始冒小水泡，是『一沸』；缘边都如泉涌时，是『二沸』；满锅翻腾飞溅，是『三沸』。如火力刚到，水锅刚热，就立即倒出，水气未消，称为『嫩水』；如已经十沸，沸水就失性，称为『老水』，这样的沸水都不能沏出茶的香味。

候汤

涤器

原文

茶瓶、茶盏不洁，皆损茶味，须先时洗涤，净布拭之，以备用。

译文

茶瓶、茶杯不洁，都会破坏茶味，因此要先洗涤茶具，用洁净的布擦干，备用。

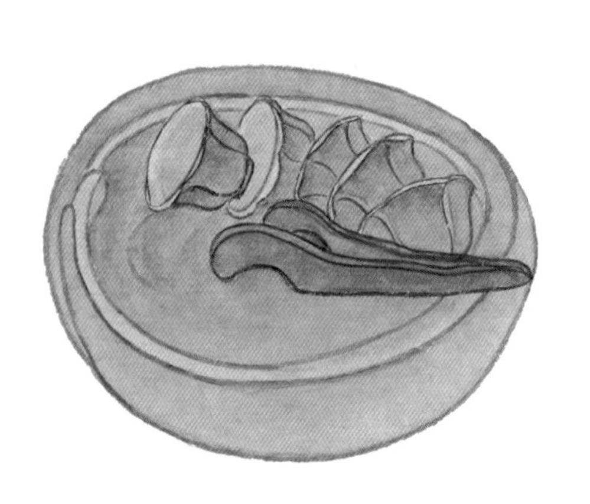

茶洗

原文

以砂为之，制如碗式，上下二层。上层底穿数孔，用洗茶，沙垢悉从孔中流出，最便。

译文

茶洗用砂器制成，样子像碗，有上下两层，上层底部有若干小孔，洗茶时，沙子杂质就从小孔流出，方便实用。

茶壶

◎原文

壶以砂者为上，盖既不夺香，又无熟汤气。『供春』最贵，第形不雅，亦无差小者，时大彬所制，又太小。若得受水半升，而形制古洁者，取以注茶，更为适用。其『提梁』、『卧瓜』、『双桃』、『扇面』、『八棱细花』、『夹锡茶替』、『青花白地』诸俗式者，俱不可用。锡壶有赵良璧者，亦佳，然宜冬月间用。近时吴中『归锡』，嘉禾『黄锡』，价皆最高，然制小而俗。金银俱不入品。

◎译文

茶壶是砂质的最好，它既不夺茶香，又无熟水味。宜兴的『供春』砂壶最好，只是形状不雅致，也没有稍小的，时大彬所制砂壶又太小。如有能盛水半升，形制又古洁的砂壶，用以沏茶更为适用。其他如『提梁』、『卧瓜』、『双桃』、『扇面』、『八棱细花』、『夹锡茶替』、『青花白地』等俗式，都不可用。锡壶有赵良璧制造的，也很好，但只适合冬季用。近来苏州归懋德所制锡壶，嘉兴黄元吉所制锡壶，价格都很高，但形制小而俗，金银制品都不入品。

茶壶

茶盏

原文

宣庙有尖足茶盏，料精式雅，质厚难冷，洁白如玉，可试茶色，盏中第一。世庙有坛盏，中有茶汤果酒，后有『金篆大醮坛用』等字者，亦佳。他如白定等窑，藏为玩器，不宜日用。盖点茶须熁盏令热，则茶面聚乳，旧窑器熁热则易损，不可不知。又有一种名『崔公窑』，差大，可置果实，果亦仅可用榛、松、新笋、鸡豆、莲实，不夺香味者。他如柑、橙、茉莉、木樨之类，断不可用。

译文

宣庙有尖脚的茶盏，用料精致式样古雅，质地厚而茶难冷，盏身洁白，可用来试看茶色，属杯盏中的第一品。嘉靖年制的祭坛杯盏，其中有『金篆大醮坛用』字样的茶具，也很好。其他如定窑白瓷等瓷器，可做玩器收藏，不宜日用。因为沏茶时，瓷器受热而使茶面浮起泡沫，古瓷器受热就容易裂损，这些特性不可不了解。还有一种叫『崔公窑』的瓷器，稍大一些，可盛果品，但也仅可盛榛子、松子、嫩竹笋、芡实、莲子等不夺茶香的果品，其他如柑、橙、茉莉、木樨之类，绝不可用。

茶盏

图书在版编目（CIP）数据

长物志 /（明）文震亨著；刘瑜绘. -- 南昌：
江西美术出版社，2018.8（2022.9 重印）（古人的雅致生活）
ISBN 978-7-5480-6215-8
Ⅰ. ①长… Ⅱ. ①文… ②刘… Ⅲ. ①园林设计－中国－明代 Ⅳ. ① TU986.2
中国版本图书馆 CIP 数据核字（2018）第 166082 号

出 品 人：刘　芳
责任编辑：方　姝　姚屹雯　朱倩文
责任印制：谭　勋
书籍设计：韩　超　先鋒設計 PIONEER DESIGN

［明］文震亨 / 著　刘　瑜 / 绘
出　　版：江西美术出版社
地　　址：南昌市子安路 66 号江美大厦
网　　址：jxfinearts.com
电子邮箱：jxms163@163.com
电　　话：0791-86566309
邮　　编：330025
经　　销：全国新华书店
印　　刷：浙江海虹彩色印务有限公司
版　　次：2018 年 8 月第 1 版　　印　　次：2022 年 9 月第 3 次印刷
开　　本：787mm × 1092mm　1/32　　印　　张：9
书　　号：ISBN 978-7-5480-6215-8
定　　价：98.00 元